安川工业机器人
操作与编程

ANCHUAN GONGYE JIQIREN
CAOZUO YU BIANCHENG

魏雄冬　编著

化学工业出版社
·北京·

<h1 style="text-align:center">内 容 简 介</h1>

  本书以安川工业机器人为对象，生动形象地介绍安川工业机器人的基础知识、手动操作、程序编写及管理、参数设定、维护保养，并结合搬运、码垛、焊接等实际案例，循序渐进、步骤清晰地介绍机器人程序创建、轨迹规划、指令编程、调试运行以及虚拟仿真应用。本书内容丰富全面，图文并茂，配套操作讲解视频，能够使读者快速学习安川工业机器人操作，掌握安川仿真软件中机器人工作站的搭建和示教编程。

  本书通俗易懂，实用性强，既可以作为工业机器人专业的教学及参考用书，又可作为工业机器人培训用书，同时也可供从事相关行业的技术人员阅读参考。

图书在版编目（CIP）数据

  安川工业机器人操作与编程/魏雄冬编著. —北京：
化学工业出版社，2021.3（2022.10重印）
  ISBN 978-7-122-38273-3

  Ⅰ.①安… Ⅱ.①魏… Ⅲ. ①工业机器人-操作 ②工业
机器人-程序设计 Ⅳ.①TP242.2

  中国版本图书馆 CIP 数据核字（2020）第 265208 号

责任编辑：曾 越   装帧设计：王晓宇
责任校对：边 涛

出版发行：化学工业出版社（北京市东城区青年湖南街 13 号 邮政编码 100011）
印 装 ：北京七彩京通数码快印有限公司
787mm×1092mm 1/16 印张 13½ 字数 314 千字 2022 年 10 月北京第 1 版第 3 次印刷

购书咨询：010-64518888   售后服务：010-64518899
网 址：http://www.cip.com.cn
凡购买本书，如有缺损质量问题，本社销售中心负责调换。

定 价：59.80 元   版权所有 违者必究

工业机器人作为自动化技术的集大成者，是"工业4.0"的重要组成单元。作为先进制造业中不可替代的重要装备，工业机器人已经成为衡量一个国家制造水平和科技水平的重要标志。美、欧、日等主要经济体，皆将发展机器人产业作为保持和重获制造业、服务业竞争优势的重要手段，并将其上升为国家战略。工业机器人的应用也正从汽车工业向一般工业延伸，除了金属加工、食品饮料、塑料橡胶、3C、医药等行业，机器人在风能、太阳能、交通运输、建筑材料、物流甚至废品处理等行业都大有可为。

当前，我国生产制造智能化改造升级的需求日益凸显，工业机器人需求旺盛，我国工业机器人市场保持向好发展，约占全球市场份额三分之一，是全球第一大工业机器人应用市场。据国际机器人联合会（IFR）统计，我国工业机器人密度在2017年达到97台/万人，已经超过全球平均水平，预计我国机器人密度将在2021年突破130台/万人，达到发达国家平均水平。2019年，我国工业机器人市场规模达到57.3亿美元，到2021年，国内市场规模进一步扩大，预计将突破70亿美元。

国内机器人产业所表现出来的爆发性发展态势，将带来对安全和熟练使用工业机器人的作业人员的大量需求。工业机器人的操作、维护、保养等必须由经过培训的专业人员来实施。依据当前社会对工业机器人示教、调试、操作人才的迫切需求，笔者以操作为主、兼顾基本理论的原则编写了本书。

本书以世界著名工业机器人四巨头之一安川（YASKAWA）机器人为对象，着重围绕工业机器人操作与编程应用展开。在内容上以基本概念和基本原理为基础，注重实操；在结构编排上循序渐进，遵循读者认知规律，坚持以任务导向原则，通过典型实例解说和操作，达到理论和实际的有机结合。本书可作为工业机器人专业的教学及参考用书，也可作为工业机器人培训用书，还可供从事相关行业的技术人员阅读参考。

全书共分 7 章：前 4 章主要介绍安川工业机器人的基本知识、手动操作、程序编写及管理、参数设定等；第 5 章以工业机器人搬运与码垛典型应用为实例，从编程思路、运行原理、指令介绍到实际编程操作——详细介绍，使每一个零基础读者都可以学会该任务的操作，并理解该应用的运行原理；第 6 章介绍安川工业机器人虚拟仿真软件 MotoSimEG-VRC，以搭建焊接机器人系统工作站为实例，介绍该软件的使用；第 7 章介绍安川工业机器人的常规保养与维护。

本书涉及实操的部分都配有笔者实际操作的演示讲解视频，使读者快速掌握安川工业机器人操作技巧，读者可扫描书中任意二维码观看。由于水平有限，难免出现疏漏，欢迎广大读者提出宝贵意见和建议。

编著者

目录
CONTENTS

第 3 章
安川工业机器人的程序编写及管理　/056

第 4 章
安川工业机器人的参数设定　/089

微信扫码，获取全套资源

第1章

工业机器人的基础知识

工业机器人是集机械、电子、控制、计算机、传感器、人工智能等多学科先进技术于一体的现代制造业中重要的自动化装备。随着科学技术的不断发展，工业机器人已成为柔性制造系统（FMS）、计算机集成制造系统（CIMS）的自动化工具。广泛采用工业机器人，不仅可提高产品的质量与数量，而且对保障人身安全，改善劳动环境，减轻劳动强度，提高劳动生产率，节约原材料消耗及降低生产成本有着十分重要的意义。

学习目标

知识目标

◎ 1. 掌握工业机器人的定义和特点。
◎ 2. 熟悉工业机器人常见分类及行业应用。
◎ 3. 掌握工业机器人常用的技术指标。

能力目标

◎ 1. 能说出工业机器人的组成。
◎ 2. 能说出安川工业机器人控制柜、本体、示教器在整个机器人系统中的作用。

1.1
工业机器人的定义及特点

1.1.1 工业机器人的定义

国际上关于工业机器人的定义主要有美国机器人协会（RIA）、日本机器人协会（JIRA）、我国国家标准、国际标准化组织（ISO）的几种定义。

美国机器人协会（RIA）将工业机器人定义为：一种用于移动各种材料、零件、工具或专用装置的，通过程序动作来执行各种任务的，并具有编程能力的多功能操作机。

日本机器人协会（JIRA）提出：工业机器人是一种带有存储器件和末端操作器的通用机械，它能够通过自动化的动作替代人类劳动。

我国将工业机器人定义为：一种自动化的机器，所不同的是这种机器具备一些与人或者生物相似的智能能力，如感知能力、规划能力、动作能力和协同能力，是一种具有高度灵活性的自动化机器。

国际标准化组织（ISO）的定义为：工业机器人是一种能自动控制，可重复编程，多功能、多自由度的操作机，能搬运材料、工件或操持工具来完成各种作业。目前国际大都遵循ISO所下的定义。

1.1.2 工业机器人的特点

（1）可编程

生产自动化的进一步发展是柔性自动化。工业机器人可随其工作环境变化的需要而再编程，因此它在小批量、多品种、具有均衡高效率的柔性制造过程中能发挥很好的功用，是柔性制造系统中的一个重要组成部分。

（2）拟人化

工业机器人在机械结构上有类似人的大臂、小臂、手腕、手爪等部分，在控制上有计算机。此外，智能化工业机器人还有许多类似人类的"生物传感器"，如皮肤型接触传感器、力传感器、负载传感器、视觉传感器、声觉传感器等。传感器提高了工业机器人对周围环境的自适应能力。

（3）通用性

除了专门设计的专用工业机器人外，一般工业机器人在执行不同的作业任务时具有较好的通用性。例如，更换工业机器人手部末端操作器（手爪、工具等）便可执行不同的作业任务。

（4）机电一体化技术

第三代智能机器人不仅具有获取外部环境信息的各种传感器，而且还具有记忆能力、语言理解能力、图像识别能力、推理判断能力等，这些都与微电子技术的应用，特别是计算机技术的应用密切相关。因此，机器人技术的发展必将带动其他技术的发展，机器人技术的发展和应用水平也可以验证一个国家科学技术和工业技术的发展水平。

1.2
工业机器人的分类及应用

1.2.1 工业机器人的分类

关于工业机器人的分类，国际上没有制定统一的标准，有的按负载重量分，有的按控制方式分，有的按自由度分，有的按结构分，有的按应用领域分。例如机器人首先在制造业大规模应用，所以机器人曾被简单地分为两类，即用于汽车、IT、机床等制造业的机器人称为工业机器人，其他的机器人称为特种机器人。随着机器人应用的日益广泛，这种分类显得过于粗糙。现在除工业领域之外，机器人技术已经广泛地应用于农业、建筑、医疗、服务、娱乐，以及空间和水下探索等多个领域。依据具体应用领域的不同，工业机器人又可分成物流、码垛、服务等搬运型机器人和焊接、车铣、修磨、注塑等加工型机器人等。可见，机器人的分类方法和标准很多。本书主要介绍以下两种工业机器人分类法。

（1）按机器人的技术等级划分

按照机器人的技术发展水平可以将工业机器人分为三代。

① 示教再现机器人　第一代工业机器人是示教再现型。这类机器人能够按照人类预先示教的轨迹、行为、顺序和速度重复作业。示教可以由操作员手把手地进行（图 1-1），例如操作人员握住机器人上的焊枪，沿焊接路线示范一遍，机器人动作中记住这一连串运动，工作时，自动重复这些运动，从而完成给定位置的涂装工作。这种方式即所谓的"直接示教"。但是，比较普遍的方式是通过示教器示教（图 1-2）。操作人员利用示教器上的开关或按键来控制机器人一步一步地运动，机器人自动记录，然后重复。目前在工业现场应用的机器人大多属于第一代。

图 1-1　直接示教　　　　　　　　　　图 1-2　示教器示教

② 感知机器人　第二代工业机器人具有环境感知装置，能在一定程度上适应环境的变化，目前已进入应用阶段，如图 1-3 所示。以焊接机器人为例，机器人焊接的过程一般是通过示教方式给出机器人的运动曲线，机器人携带焊枪沿着该曲线进行焊接。这就要求工件的

一致性要好，即工件被焊接位置必须十分准确。否则，机器人携带焊枪所走的曲线和工件的实际焊缝位置会有偏差。为解决这个问题，第二代工业机器人（应用于焊接作业时）采用焊缝跟踪技术，通过传感器感知焊缝的位置，再通过反馈控制，机器人就能够自动跟踪焊缝，从而对示教的位置进行修正，即使实际焊缝相对于原始设定的位置有变化，机器人仍然可以很好地完成焊接工作。类似的技术正越来越多地应用于工业机器人。

图 1-3　感知机器人

图 1-4　智能机器人

③ 智能机器人　第三代工业机器人称为智能机器人，如图 1-4 所示，具有发现问题并能自主地解决问题的能力，尚处于实验研究阶段。作为发展目标，这类机器人具有多种传感器，不仅可以感知自身的状态，例如所处的位置、自身的故障情况等，还能够感知外部环境的状态，例如自动判断路况、测出协作机器的相对位置、相互作用的力等。更为重要的是，能够根据获得的信息，进行逻辑推理、判断决策，在变化的内部状态与变化的外部环境中，自主决定自身的行为。这类机器人具有高度的适应性和自治能力。尽管经过多年来的不懈研究，人们研制了很多各具特点的试验装置，提出大量新思想、新方法，但现有工业机器人的自适应技术还是十分有限的。

（2）按机器人的机构运动特征划分

工业机器人的机械配置形式多种多样，典型机器人的机构运动特征是用其坐标特性来描述的。按基本动作机构，工业机器人通常可分为直角坐标机器人、柱面坐标机器人、球面坐标机器人和多关节型机器人等类型。

① 直角坐标机器人　直角坐标机器人具有空间上相互垂直的多个直线移动轴（通常 3 个，如图 1-5 所示），通过直角坐标方向的 3 个独立自由度确定其手部的空间位置，其动作空间为一长方体。直角坐标机器人结构简单，定位精度高，空间轨迹易于求解；但其动作范围相对较小，设备的空间因数较低，实现相同的动作空间要求时，机体本身的体积较大。

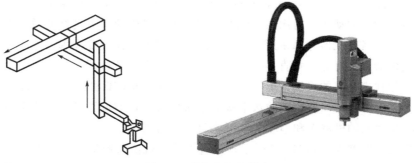

图 1-5　直角坐标机器人

② 柱面坐标机器人　柱面坐标机器人的空间位置机构主要由旋转基座、垂直移动机构和水平移动机构构成（图 1-6），具有一个回转和两个平移自由度，其动作空间呈圆柱体。这种机器人结构简单、刚性好，但缺点是在机器人的动作范围内，必须有沿轴线前后方向的移动空间，空间利用率较低。著名的 Versatran 机器人就是典型的柱面坐标机器人。

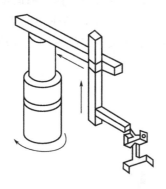

图 1-6　柱面坐标机器人

③ 球面坐标机器人　如图 1-7 所示，其空间位置分别由旋转、摆动和平移 3 个自由度确定，动作空间形成球面的一部分。其机械手能够作前后伸缩移动、在垂直平面上摆动以及绕底座在水平面上转动。著名的 Unimate 机器人就是这种类型的机器人。其特点是结构紧凑，所占空间体积小于直角坐标和柱面坐标机器人，但仍大于多关节型机器人。

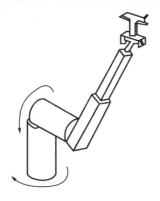
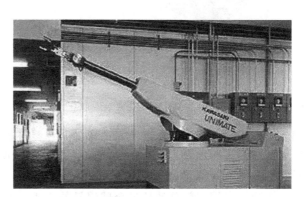

图 1-7　球面坐标机器人

④ 多关节型机器人　由多个旋转和摆动机构组合而成。这类机器人结构紧凑、工作空间大、动作最接近人的动作，对涂装、装配、焊接等多种作业都有良好的适应性，应用范围越来越广。不少著名的机器人都采用了这种形式，其摆动方向主要有垂直方向和水平方向两种，因此这类机器人又可分为垂直多关节机器人和水平多关节机器人。如美国 Unimation 公司 20 世纪 70 年代末推出的机器人 PUMA 就是一种垂直多关节机器人，而日本山梨大学研制的机器人 SCARA 则是一种典型的水平多关节机器人。目前世界工业界装机最多的工业机器人是 SCARA 型四轴机器人和串联关节型垂直 6 轴机器人。

a. 垂直多关节机器人。如图 1-8 所示，垂直多关节机器人模拟了人类的手臂功能，由垂直于地面的腰部旋转轴（相当于大臂旋转的肩部旋转轴）、带动小臂旋转的肘部旋转轴以及小臂前端的手腕等构成。手腕通常有 2～3 个自由度。其动作空间近似一个球体，所以也称为多关节球面机器人。其优点是可以自由地实现三维空间的各种姿势，可以生成各种复杂形状的轨迹。相对机器人的安装面积，其动作范围很宽。缺点是结构刚度较低，动作的绝对位置精度较低。

b. 水平多关节机器人。如图 1-9 所示，水平多关节机器人在结构上具有串联配置的两个能够在水平面内旋转的手臂，其自由度可以根据用途选择 2～4 个，动作空间为一圆柱体。水平多关节机器人的优点是在垂直方向上的刚性好，能方便地实现二维平面上的动作，在装配作业中得到普遍应用。

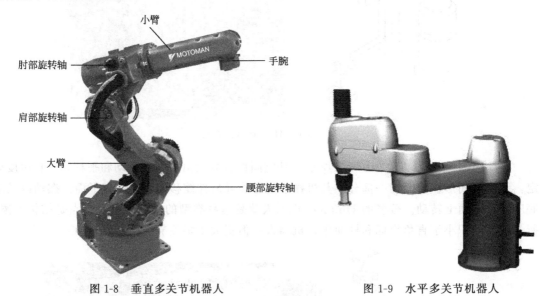

图 1-8　垂直多关节机器人　　　　　　图 1-9　水平多关节机器人

1.2.2　工业机器人的应用

目前，工业机器人在汽车、电子、金属制品、塑料及化工产品等行业已经得到了广泛的应用。随着性能的不断提升，以及各种应用场景的不断明晰，2014 年以来，工业机器人的市场规模正以年均 8.3% 的速度持续增长。IFR 报告显示，2018 年中国、日本、美国、韩国和德国等主要国家销售额总计超过全球销量的 3/4，这些国家对工业自动化改造的需求激活了工业机器人市场，也使全球工业机器人使用密度大幅提升。目前在全球制造业领域，工业机器人使用密度已经达到 85 台/万人。2018 年全球工业机器人销售额达到 154.8 亿美元，其中亚洲销售额 104.8 亿美元，欧洲销售额 28.6 亿美元，北美地区销售额达到 19.8 亿美元。

当前，我国生产制造智能化改造升级的需求日益凸显，工业机器人需求依然旺盛，我国工业机器人市场保持向好发展，约占全球市场份额三分之一，是全球第一大工业机器人应用市场。据 IFR 统计，我国工业机器人密度在 2017 年达到 97 台/万人，已经超过全球平均水平，预计我国机器人密度将在 2021 年突破 130 台/万人，达到发达国家平均水平。2021 年，我国工业机器人市场规模预计将突破 70 亿美元。

自 1969 年，美国通用汽车公司用 21 台工业机器人组成了焊接轿车车身的自动生产线后，各工业发达国家都非常重视研制和应用工业机器人。进而，也相继形成一批在国际上较有影响力的、著名的工业机器人公司。这些公司目前在中国的工业机器人市场也处于领先地位，主要分为日系和欧系两种。具体来说，又可分成"四大"和"四小"两个阵营；"四大"即为瑞典 ABB、日本 FANUC（发那科）及 YASKAWA（安川）、德国 KUKA（库卡）；"四小"为日本 OTC、PANA-SONIC、NACHI 及 KAWASAKI。其中，日本 FANUC 与 YASKAWA、瑞典 ABB 三家企业在全球机器人销量均突破了 20 万台，KUKA 机器人的销量也突破了 15 万台。国内也涌现了一批工业机器人厂商，这些厂商中既有像沈阳新松这样的国内机器人技术的引领者，也有像南京埃斯顿、广州数控这样的伺服、数控系统厂商。图 1-10 展示了近年来工业机器人行业销量情况，图 1-11 为近年来工业机器人行业应用分布情况。当今世界近 50% 的工业机器人集中使用在汽车领域，主要进行搬运、码垛、焊接、涂装和装配等复杂作业。为此，本节着重介绍这几类工业机器人的应用情况。

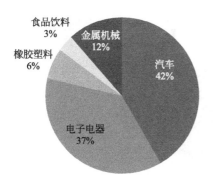

图 1-10　近年工业机器人行业销量情况

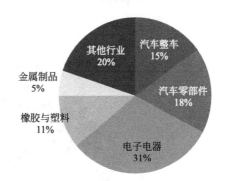

图 1-11　近年工业机器人行业应用分布情况

（1）机器人搬运

搬运作业是指用一种设备握持工件，从一个加工位置移到另一个加工位置。搬运机器人可安装不同的末端执行器（如机械手爪、真空吸盘、电磁吸盘等）以完成各种不同形状和状态的工件搬运，大大减轻了人类繁重的体力劳动。通过编程控制，可以让多台机器人配合各个工序不同设备的工作时间，实现流水线作业的最优化。搬运机器人具有定位准确，工作节拍可调，工作空间大，性能优良，运行平稳可靠，维修方便等特点。目前世界上使用的搬运机器人已超过 10 万台，广泛应用于机床上下料、自动装配流水线、码垛搬运、集装箱等的自动搬运，机器人搬运如图 1-12 所示。

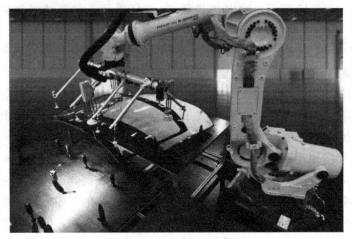

图 1-12　工业机器人搬运

（2）机器人码垛

码垛机器人是机电一体化高新技术产品，如图 1-13 所示。它可满足中低产量的生产需要，也可按照要求的编组方式和层数，完成对料袋、胶块、箱体等各种产品的码垛。机器人替代人工搬运、码垛，生产上能迅速提高企业的生产效率和产量，同时能减少人工搬运造成的错误。机器人码垛可全天候作业，由此每年能节约大量的人力资源成本，达到减员增效。码垛机器人广泛应用于化工、饮料、食品、啤酒、塑料等生产企业，对纸箱、袋装、罐装、啤酒箱、瓶装等各种形状的包装都适用。

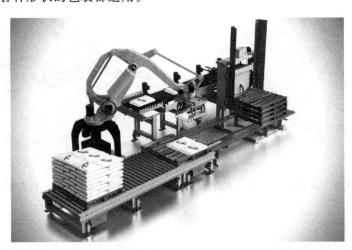

图 1-13　工业机器人码垛

（3）机器人焊接

机器人焊接是目前最大的工业机器人应用领域（如工程机械、汽车制造、电力建设、钢结构等），它能在恶劣的环境下连续工作并能提供稳定的焊接质量，提高工作效率，减轻工人的劳动强度。采用机器人焊接是焊接自动化的革命性进步，它突破了焊接刚性自动化（焊接专机）的传统方式，开拓了一种柔性自动化生产方式，实现了在一条焊接机器人生产线上同时自动生产若干种焊件，如图 1-14 所示。

图 1-14 工业机器人焊接

（4）机器人涂装

机器人涂装工作站或生产线充分利用了机器人灵活、稳定、高效的特点，适用于生产量大、产品型号多、表面形状不规则的工件外表面涂装，广泛应用于汽车、汽车零配件（如发动机、保险杠、变速箱、弹簧、板簧、塑料件等）、铁路（如客车、机车、油罐车等）、家电（如电视机、电冰箱、洗衣机、电脑、手机等外壳）、建材（如卫生陶瓷）、机械（如电动机减速器）等行业，如图 1-15 所示。

图 1-15 工业机器人涂装

（5）机器人装配

装配机器人（图1-16）是柔性自动化系统的核心设备。末端执行器为适应不同的装配对象而设计成各种"手爪"；传感系统用于获取装配机器人与环境和装配对象之间相互作用的信息。与一般工业机器人相比，装配机器人具有精度高、柔顺性好、工作范围小、能与其他系统配套使用等特点，主要应用于各种电器的制造行业及流水线产品的组装作业，具有高效、精确、可不间断工作的特点。

图1-16　工业机器人装配

综上所述，在工业生产中应用机器人，可以方便迅速地改变作业内容或方式，以满足生产要求的变化。例如，改变焊缝轨迹，改变涂装位置，变更装配部件或位置等。随着对工业生产线柔性的要求越来越高，对各种机器人的需求也会越来越强烈。

1.3
安川工业机器人的组成

扫码看：安川工业机器人的组成

工业机器人是一种模拟人手臂、手腕和手功能的机电一体化装置，可对物体运动的位置、速度和加速度进行精确控制，从而完成某一工业生产的作业要求。当前工业中应用最多的第一代工业机器人主要由以下几个部分组成：机器人本体（操作机）、控制柜、示教器和连接电缆。对于第二代及第三代工业机器人还包括感知系统和分析决策系统，它分别由传感器及软件实现。

以安川工业机器人DX100为例，该机器人主要由机器人本体MH5、机器人控制柜DX100、示教编程器、供电电缆等构成，如图1-17所示。

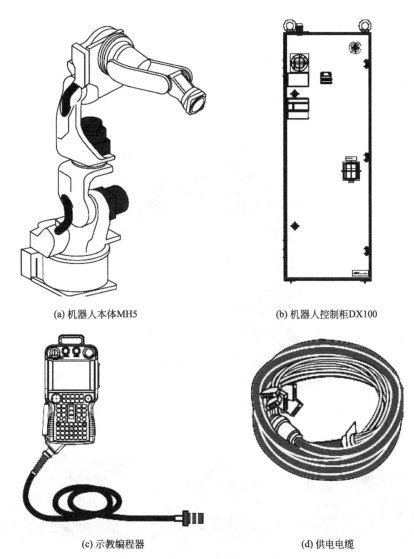

(a) 机器人本体MH5

(b) 机器人控制柜DX100

(c) 示教编程器

(d) 供电电缆

图 1-17　安川工业机器人的基本组成

1.3.1　机器人本体

　　机器人本体（操作机）是工业机器人的机械主体，是用来完成各种作业的执行机构。它主要由机械臂驱动装置、传动单元及内部传感器等部分组成，如图 1-18 所示。由于机器人需要实现快速而频繁的启停、精确到位和运动，因此必须采用位置传感器、速度传感器等检测元件实现位置、速度和加速度闭环控制。图 1-18 为 6 自由度关节型工业机器人本体的基本构造。为适应不同的用途，机器人本体最后一个轴的机械接口通常为连接法兰，可接装不同的机械操作装置（习惯上称末端执行器），如夹具、吸盘、焊枪等，如图 1-19 所示。

　　（1）机械臂

　　多关节型工业机器人的机械臂是由关节连在一起的许多机械连杆的集合体。它本质上是一个拟人手臂的空间开链式机构，一端固定在基座上，另一端可自由运动。关节通常是移动关节和旋转关节。移动关节允许连杆作直线移动，旋转关节仅允许连杆之间发生旋转运动。由关节-连杆结构所构成的机械臂可分为基座、腰部、臂部（大臂和小臂）和手腕 4 个部分，由 4 个独立旋转"关节"（腰关节、肩关节、肘关节和腕关节）串联而成，如图 1-18 所示。它们可在各个方向运动，这些运动就是机器人在"做工"。

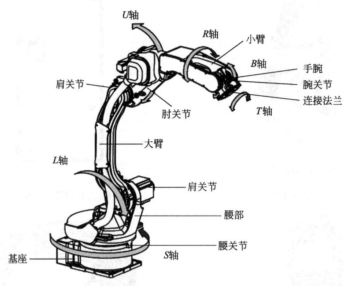

图 1-18　6 自由度关节型工业机器人本体的基本构造

(a) 夹具　　　　　　(b) 吸盘　　　　　　(c) 焊枪

图 1-19　工业机器人本体末端执行器

　　① 基座　基座是机器人的基础部分，起支撑作用。整个执行机构和驱动装置都安装在基座上。对固定式机器人，直接连接在地面基础上；对移动式机器人，则安装在移动机构上，可分为有轨和无轨两种。

　　② 腰部　腰部是机器人手臂的支撑部分。根据执行机构坐标系的不同，腰部可以在基座上转动，也可以和基座制成一体。有时腰部也可以通过导杆或导槽在基座上移动，从而增大工作空间。

　　③ 手臂　手臂是连接机身和手腕的部分，由动力关节和连接杆件等构成。它是执行结构中的主要运动部件，也称主轴，主要用于改变手腕和末端执行器的空间位置，满足机器人的作业空间，并将各种载荷传递到基座。

④ 手腕　手腕是连接末端执行器和手臂的部分，将作业载荷传递到臂部，也称次轴，主要用于改变末端执行器的空间姿态。

（2）驱动装置

驱动装置为驱使工业机器人机械臂运动的机构。按照控制系统发出的指令信号，借助动力元件使机器人产生动作，相当于人的肌肉、筋络。机器人常用的驱动方式主要有液压驱动、气压驱动和电气驱动三种基本类型，见表1-1。目前，除个别运动精度不高、重负载或有防爆要求的机器人采用液压、气压驱动外，工业机器人大多采用电气驱动，其中交流伺服电动机应用最广，且驱动器布置大都采用一个关节一个驱动器。

表 1-1　三种驱动方式特点比较

驱动方式	特点					
	输出力	控制性能	维修使用	结构体积	使用范围	制造成本
液压驱动	压力高，可获得大的输出力	油液不可压缩，压力、流量均容易控制，可无级调速，反应灵敏，可实现连续轨迹控制	维修方便，液体对温度变化敏感，油液泄漏易着火	在输出力相同的情况下，体积比气压驱动方式小	中、小型及重型机器人	液压元件成本较高，油路比较复杂
气压驱动	气体压力低，输出力较小，如需输出力大时，其结构尺寸过大	可高速运行，冲击较严重，精确定位困难。气体压缩性大，阻尼效果差，低速不易控制，不易与CPU连接	维修简单，能在高温、粉尘等恶劣环境中使用，泄漏无影响	体积较大	中、小型机器人	结构简单，工作介质来源方便，成本低
电气驱动	输出力较小或较大	容易与CPU连接，控制性能好，响应快，可精确定位，但控制系统复杂	维修使用较复杂	需要减速装置，体积较小	高性能、运动轨迹要求严格的机器人	成本较高

（3）传动单元

驱动装置的受控运动必须通过传动单元带动机械臂产生运动，以精确地保证末端执行器所要求的位置、姿态和实现其运动。目前工业机器人广泛采用的机械传动单元是减速器，与通用减速器相比，机器人关节减速器要求具有传动链短、体积小、功率大、重量轻和易于控制等特点。大量应用在多关节型机器人上的减速器主要有两类：RV减速器和谐波减速器。精密减速器使机器人伺服电动机在一个合适的速度下运转，并精确地将转速降到工业机器人各部位需要的速度，在提高机械本体刚性的同时输出更大的转矩。一般将RV减速器放置在基座、腰部、大臂等重负载位置（主要用于20kg以上的机器人关节）；而将谐波接触器放置在小臂、腕部或手部等轻负载位置（主要用于20kg以下的机器人关节）。此外，机器人还采用齿轮传动链条（带）传动、直线运动单元等，如图1-20所示。

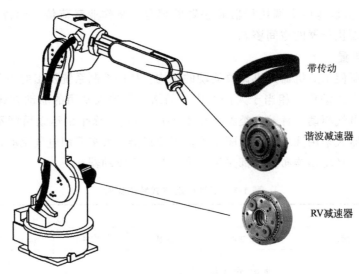

带传动

谐波减速器

RV减速器

图 1-20　机器人的传动单元

① 谐波减速器　同行星齿轮传动一样，谐波齿轮传动（简称谐波传动）通常由 3 个基本构件组成，包括一个有内齿的刚轮，一个工作时可产生径向弹性变形并带有外齿的柔轮和一个装在柔轮内部、呈椭圆形、外圈带有柔性滚动轴承的波发生器，如图 1-21 所示。在这 3 个基本构件中可任意固定一个，其余一个为主动件一个为从动件（如刚轮固定不变，波发生器为主动件，柔轮为从动件），可实现减速或增速（固定传动比），也可变成两个输入，一个输出，组成差动传动。

刚轮

柔轮

波发生器

图 1-21　谐波减速器三大构件

谐波减速器的工作原理如图 1-22 所示。当刚轮固定，波发生器为主动，柔轮为从动时，柔轮在椭圆形的波发生器作用下产生变形，在波发生器长轴两端处的柔轮轮齿与刚轮轮齿完全啮合；在波发生器短轴两端处，柔轮轮齿与刚轮轮齿完全脱开；在椭圆长轴两侧，柔轮轮齿与刚轮轮齿处于不完全啮合状态。在波发生器长轴旋转的正方向一侧，称为啮入区；在长轴旋转的反方向一侧，称为啮出区。由于波发生器的连续转动，使得啮入、完全啮合、啮出、完全脱开这四种情况依次变化，如此循环。由于柔轮比刚轮的齿数少 2 个，所以当波发生器转动一周时，柔轮向相反方向转过两个齿的角度，从而实现了大的减速比。

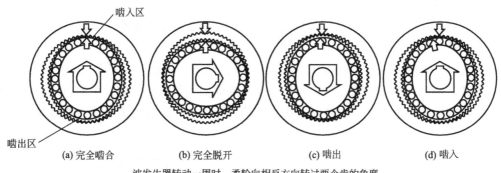

(a) 完全啮合   (b) 完全脱开   (c) 啮出   (d) 啮入

波发生器转动一周时，柔轮向相反方向转过两个齿的角度

图 1-22   谐波减速器的工作原理

② RV 减速器   RV 减速器的传动装置采用的是一种新型的二级封闭行星轮系，是在摆线针轮传动基础上发展起来的一种新型传动装置，不仅克服了一般针摆传动的缺点，而且因为具有体积小、质量轻、传动比范围大、寿命长、精度稳定、效率高、传动平稳等一系列优点，日益受到国内外的广泛关注，在机器人领域占有主导地位。RV 减速器与机器人中常用的谐波减速器相比，具有较高的疲劳强度、刚度和寿命，而且回差精度稳定，不像谐波减速器那样随着使用时间增长，运动精度显著降低，因此世界上许多高精度机器人传动装置多采用 RV 减速器。

如图 1-23 所示，RV 减速器主要由齿轮轴、行星轮、曲柄轴、摆线轮、针轮、刚性盘和输出盘等结构组成。

a. 齿轮轴。齿轮轴又称为渐开线中心轮，用来传递输入功率，且与渐开线行星轮互相啮合。

b. 行星轮。与曲柄轴固连，均匀分布在一个圆周上，起功率分流的作用，将齿轮轴输入的功率分流传递给摆线轮行星机构。

c. 曲柄轴。曲柄轴是摆线轮的旋转轴。它的一端与行星轮相连接，另一端与支撑圆盘相连接。既可以带动摆线轮产生公转，也可以使摆线轮产生自转。

d. 摆线轮。为了在传动机构中实现径向力的平衡，一般要在曲柄轴上安装两个完全相同的摆线轮，且两摆线轮的偏心位置相互成 180°。

e. 针轮。针轮上安装有多个针齿，与壳体固连在一起统称为针轮壳体。

f. 刚性盘。刚性盘是动力传动机构，其上均匀分布轴承孔，曲柄轴的输出端通过轴承安装在这个刚性盘上。

g. 输出盘。输出盘是减速器与外界从动工作机相连接的构件，与刚性盘相互连接成为一体，输出运动或动力。

如图 1-24 所示为 RV 传动简图。RV 传动装置是由第一级渐开线圆柱齿轮行星减速机构和第二级摆线针轮行星减速机构两部分组成。渐开线行星轮 2 与曲柄轴 3 连成一体，作为摆线针轮传动部分的输入。如果渐开线中心轮 1 顺时针方向旋转，那么渐开线行星齿轮在公转的同时还进行逆时针方向自转，并通过曲柄轴带动摆线轮进行偏心运动，此时摆线轮在其轴线公转的同时，还将在针齿的作用下反向自转，即顺时针转动。同时通过曲柄轴将摆线轮的转动等速传给输出机构。

ⅰ.第一级减速的形成：执行电动机的旋转运动由齿轮轴传递给两个渐开线行星轮，进行第一级减速。

ⅱ.第二级减速的形成：行星轮的旋转通过曲柄轴带动相距180°的摆线轮，从而生成摆线轮的公转，同时由于摆线轮在公转过程中会受到固定于针齿壳上的针齿的作用力而形成与摆线轮公转方向相反的力矩，也造就了摆线轮的自转运动，这样完成了第二级减速。

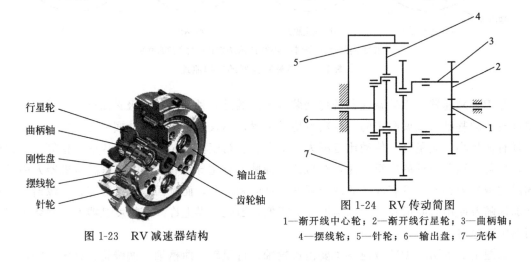

图 1-23　RV 减速器结构

图 1-24　RV 传动简图
1—渐开线中心轮；2—渐开线行星轮；3—曲柄轴；
4—摆线轮；5—针轮；6—输出盘；7—壳体

ⅲ.运动的输出通过两个曲柄轴使摆线轮与刚性盘构成平行四边形的等角速度输出机构，将摆线轮的转动等速传递给刚性盘及输出盘。

1.3.2　控制柜

如果说机器人本体是机器人的"肢体"，那么控制器则是机器人的"头脑"和"心脏"。机器人控制器是根据指令以及传感信息控制机器人完成一定动作或作业任务的装置，是决定机器人功能和性能的主要因素，也是机器人系统中更新和发展最快的部分。它通过各种控制电路中硬件和软件的结合来操纵机器人，并协调机器人与周边设备的关系，其基本功能如下。

① 示教功能　包括在线示教和离线示教两种方式。

② 记忆功能　存储作业顺序、运动路径和方式及与生产工艺有关的信息等。

③ 位置伺服功能　机器人多轴联动、运动控制、速度和加速度控制、动态补偿等。

④ 坐标设定功能　可在关节、直角、工具等常见坐标系之间进行切换。

⑤ 与外围设备联系功能　包括输入/输出接口、通信接口、网络接口等。

⑥ 传感器接口　位置检测、视觉、触觉、力觉等。

⑦ 故障诊断安全保护功能运行时的状态监视、故障状态下的安全保护和自诊断。

图 1-25 所示是安川工业机器人 DX100 和 DX200 控制柜，主电源开关在控制柜正面左上方，左侧有双重门锁。控制柜右上方设有急停键，示教编程器可挂在急停键下方的挂钩上。

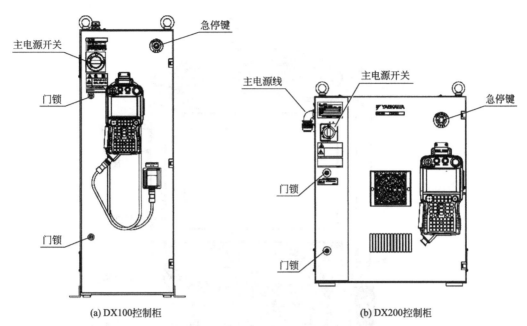

(a) DX100控制柜　　　　　　　　　(b) DX200控制柜

图 1-25　DX100 和 DX200 控制柜正视图

主电源开关：接通控制柜主电源。

门锁：锁住控制柜的门。

急停键：切断伺服电源，使机器人无法动作。

1.3.3 示教器

示教器也称示教编程器或示教盒，主要由液晶屏幕和操作按键组成，可由操作者手持移动。它是机器人的人机交互接口，机器人的所有操作基本上都是通过示教器来完成的，如点动机器人，编写、测试和运行机器人程序，设定、查阅机器人状态设置和位置等。实际操作时，当用户按下示教器上的按键，示教器通过线缆向控制柜发出相应的指令代码，此时，控制柜上负责串口通信的通信子模块接收指令代码，然后由指令码解释模块分析判断该指令码，并进一步向相关模块发送与指令码相应的消息，以驱动有关模块完成该指令码要求的具体功能；为让操作用户时刻掌握机器人的运动位置和各种状态信息，控制柜的相关模块同时将状态信息经串口发送给示教器，在液晶显示屏上显示，从而与用户沟通，完成数据的交换功能。因此，示教器实质上就是一个专用的智能终端。

示教器由电缆与控制柜相连，传递双向信息。利用示教器可以实现机器人手动控制、程序创建、编写、测试、操作执行与状态确认等。

安川工业机器人 DX200 示教器如图 1-26 所示，示教器上设有一些按键，这些按键主要用于机器人示教、程序编辑及再现等。

安川工业机器人 DX200 示教器的按键功能作用如下。

［开始］：按下该按钮，机器人开始再现动作。

［暂停］：按下该按钮，正在动作的机器人会暂停动作。

［急停］：按下该按钮，伺服电源被切断。

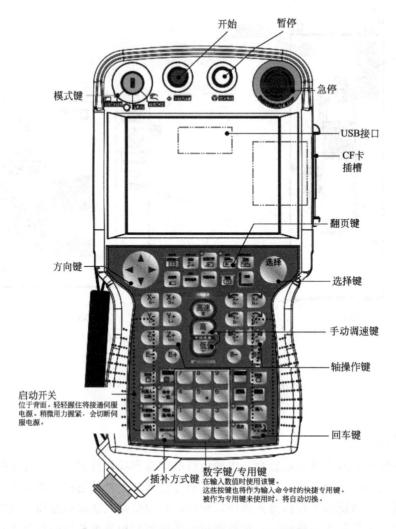

图 1-26 安川工业机器人 DX200 示教器

[模式]：旋转该键，选择 [PLAY]，进入再现模式，可以进行示教完成的程序的再现；选择 [TEACH]，进入示教模式，使用示教编程器可以进行轴操作或编辑作业；选择 [REMOTE]，进入远程模式，通过外部输入信号进行的操作有效。

[启动开关]：握下该开关，接通伺服电源。

[选择]：项目选择按键。

[方向键]：按下该键，可以移动光标。

[主菜单]：显示主菜单，在主菜单显示的状态下，按下该键，可以隐藏主菜单。

[简单菜单]：显示简单菜单，在简单菜单显示的状态下，按下该键，可以隐藏简单菜单。

[伺服准备]：按下该键，伺服电源接通有效。

[帮助]：按下该键，根据当前显示画面的情况，会显示帮助操作的菜单。

［消除］：解除当前状态的按键。

［多画面］：多画面显示用的按键。

［坐标］：手动操作机器人时，选择动作坐标的按键。

［直接打开］：按下该键，显示和当前操作有关的内容。

［翻页］：按下该键，每按一次会显示下一页。

［区域］：按下该键，显示光标会按"菜单区域"→"通用区域"→"信息区域"→"主菜单区域"的顺序移动，但是没有显示项目时，无法移动光标。

［联锁］：和该按键同时按下时，可以使用其他功能。

［命令一览］：在程序编辑过程中，按下该键，显示可以登录的命令一览。

［机器人切换］：切换轴操作时的机器人轴。

［外部轴切换］：切换轴操作时的外部轴。

［插补方式］：指定再现时机器人的插补方式。

［试运行］：该键和联锁同时按下时，机器人连续动作，可以确认示教完的步骤。

［前进］：仅在此按键被按下的期间，机器人会按示教的步骤动作。

［后退］：仅在此按键被按下的期间，机器人会按示教步骤的反方向动作。

［删除］：一按此键，已录入的命令就被取消。

［追加］：按下此键，插入新的命令。

［修改］：按此键，更改示教结束位置的数据、命令。

［回车］：执行命令和数据录入，机器人现处位置的录入，编辑操作等相关处理时，进行最终决定的按键。

［高］、［低］：此按键为手动操作时，设定机器人动作速度的键。此处设定的速度对于前进、返回动作均有效。

［高速］：手动操作时，一边按下轴操作键其中的任意键，一边按此键，在按键的期间，机器人会以高速移动，无需更改速度。

［轴操作键］：用途为操作机器人各轴。

［数字键］：输入状态下，按下这些按键，可以输入按键左上方的数字或是符号。

1.4
工业机器人的技术指标

工业机器人的技术指标反映了机器人的适用范围和工作性能，是选择、使用机器人必须考虑的问题。尽管各机器人厂商所提供的技术指标不完全一样，机器人的结构、用途以及用户的要求也有所差别，但工业机器人用到的几个主要技术指标都差不多。主要的技术指标有：自由度、工作空间、额定负载、最大工作速度和运动精度等。表 1-2 是工业机器人行业四大品牌的市场典型热销产品的主要技术参数。

表 1-2　工业机器人行业四大品牌的市场典型热销产品的主要技术参数

型号	图示	机械结构	最大负载/kg	工作半径/mm	重复精度/mm	安装方式	本体重量/kg	最大速度/(°/s)		动作范围/(°)	
FANUC M-10iA	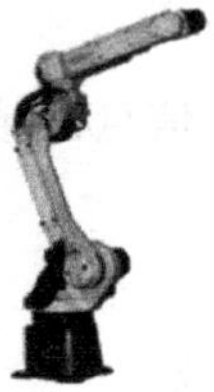	6轴垂直多关节型	10	1420	±0.08	落地式、倒置式	130	J1	210	J1	340
								J2	190	J2	250
								J3	210	J3	445
								J4	400	J4	380
								J5	400	J5	380
								J6	600	J6	720
YASKAWA MA1400		6轴垂直多关节型	3	1434	±0.08	落地式、倒置式	130	S 轴	220	S 轴	$-170\sim170$
								L 轴	220	L 轴	$-90\sim155$
								U 轴	220	U 轴	$-175\sim190$
								R 轴	410	R 轴	$-150\sim150$
								B 轴	410	B 轴	$-45\sim180$
								T 轴	610	T 轴	$-200\sim200$
ABB IRB1520		6轴垂直多关节型	4	1500	±0.05	落地式、倒置式	170	轴1	130	轴1	±170
								轴2	140	轴2	$-90\sim155$
								轴3	140	轴3	$-100\sim80$
								轴4	320	轴4	±155
								轴5	380	轴5	$-90\sim135$
								轴6	460	轴6	±200
KUKA KR5 arc	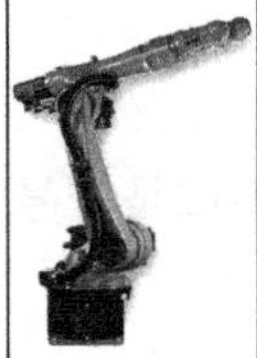	6轴垂直多关节型	5	1411	±0.04	落地式、倒置式	127	A1	154	A1	±155
								A2	154	A2	$-180\sim65$
								A3	228	A3	$-15\sim158$
								A4	343	A4	±350
								A5	384	A5	±130
								A6	721	A6	±350

（1）自由度（轴数）

自由度是物体能够对坐标系进行独立运动的数目，末端执行器的动作不包括在内。因每个关节运动副仅有一个自由度，所以机器人的自由度数就等于它的关节数。

机器人配置的轴数直接关联其自由度。如果是针对一个简单的直来直去的场合，例如从一条皮带线取放到另一条，简单的4轴机器人就足以应对。但是，如果应用场景在一个狭小的工作空间，且机器人手臂需要很多的扭曲和转动，6轴或7轴机器人将是最好的选择。由于具有6个旋转关节的铰接开链式机器人从运动学上已被证明能以最小的结构尺寸获取最大的工作空间，并且能以较高的位置精度和最优的路径到达指定位置，因而关节机器人在工业领域得到广泛应用。

轴数一般取决于应用场合。应当注意，在成本允许的前提下，选型多一点的轴数在灵活性方面不是问题。这样方便后续重复利用改造机器人到另一个应用制程，能适应更多的工作任务，而不是发现轴数不够。

机器人制造商倾向于使用各自略有不同的轴或关节命名。基本上，第一关节（J1）是最接近机器人底座的那个，接下来的关节称为 J2、J3、J4，依此类推，如图 1-27（a）所示，直到到达手腕末端。而 Yaskawa/Motoman 公司则使用字母命名机器人的轴，如图 1-27（b）所示。

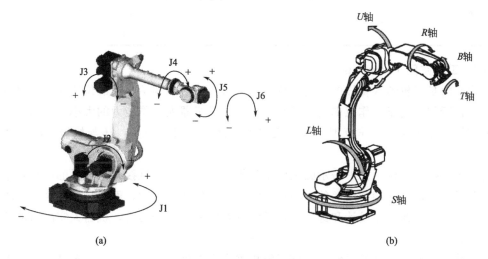

图 1-27　工业机器人轴关节

（2）额定负载（payload）

额定负载是指机器人操作机在工作时臂端可能搬运的物体重量或所能承受的力或力矩，用以表示操作机的负荷能力。目前使用的工业机器人负载范围从 0.5～1300kg 不等。如果希望机器人完成将目标工件从一个工位搬运到另一个工位，需要注意将工件的重量以及机器人手爪的重量计算到其工作负荷。

另外特别需要注意的是机器人的负载曲线，在空间范围的不同距离位置，实际负载能力会有差异。机器人在不同位姿时，允许的最大可搬运重量是不同的，因此机器人的额定可搬运重量是指其臂杆在工作空间中任意位姿时腕关节端部都能搬运的最大重量。

（3）运动精度（accuracy）

机器人的运动精度主要指定位精度和重复定位精度。定位精度（也称绝对精度）是指机器人末端执行器实际到达位置与目标位置之间的差异。重复定位精度（简称重复精度）是指机器人重复定位其末端执行器于同一目标位置的能力。一般在±0.02～±0.05mm 之间，甚至更精密。例如，如果需要机器人组装一个电子线路板，可能需要一个超级精密重复精度高的机器人；如果应用工序比较粗糙，如打包、码垛等，工业机器人也就不需要那么精密。根据作业任务和末端持重的不同，机器人的重复精度亦要求不同，如表 1-3 所示。

表 1-3　工业机器人不同作业任务下的工作精度要求

作业任务	额定负载/kg	重复定位精度/mm
搬运	5～200	±0.2 ～ ±0.5
码垛	50～800	±0.5
点焊	50～350	±0.2 ～ ±0.3
弧焊	3～20	±0.08～ ±0.1
涂装	5～20	±0.2 ～ ±0.5
装配	2～5	±0.02 ～ ±0.03
	6～10	±0.06 ～ ±0.08
	10～20	±0.06 ～ ±0.1

（4）工作空间（work space）

工作空间是指机器人臂杆的特定部位在一定条件下所能到达空间的位置集合，也称工作范围、工作行程。由于工作范围的形状和大小反映了机器人工作能力的大小，因而它对于机器人的应用十分重要。工作范围不仅与机器人各连杆的尺寸有关，还与机器人的总体结构有关。

通常工业机器人说明书中表示的工作空间指的是手腕上机械接口坐标系的原点在空间能到达的范围，也即手腕端部法兰的中心点在空间所能到达的范围，而不是末端执行器端点所能达到的范围。因此，在设计和选用时，要注意安装末端执行器后，机器人实际所能到达的工作空间。

当评估目标应用场合的时候，应该了解机器人需要到达的最大距离。选择一个机器人不是仅仅凭它的有效载荷，也需要综合考量它到达的确切距离。每个公司都会给出相应机器人的运动范围图，由此可以判断，该机器人是否适合于特定的应用。

如图 1-28 所示为机器人的水平运动范围，注意机器人在近身及后方的一片非工作区域。

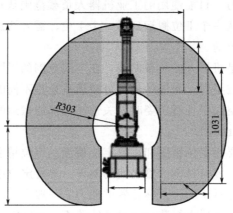

R303

1031

图 1-28　机器人的水平运动范围

机器人的最大垂直高度的量则是从机器人能到达的最低点（常在机器人底座以下）到手腕可以达到的最大高度的距离（Y）。最大水平动作距离是从机器人底座中心到手腕可以水平达到的最远点的中心的距离（X），如图 1-29 所示。

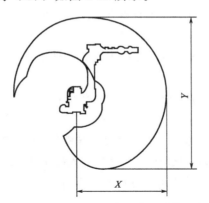

图 1-29　机器人的垂直和水平动作距离

（5）最大工作速度（max speed）

在各轴联动情况下，机器人手腕中心所能达到的最大线速度。这在生产中是影响生产效率的重要指标。事实上，它取决于作业需要完成的加工时间（cycle time）。规格表列明了机器人最大速度，但应该知道，考量从一个点到另一个点的加减速，实际运行的速度将在 0 和最大速度之间。这项参数单位通常以度/秒计。有的机器人制造商也会标注机器人的最大加速度。很明显，最大工作速度越高，生产效率也就越高。然而，工作速度越高，对机器人最大加速度的要求也就越高。

除上述五项技术指标外，还应注意机器人本体重量、刹车和转动惯量、控制方式、驱动方式、安装方式、存储容量、插补功能、语言转换、自诊断及自保护、安全保障功能、防护等级等。

思考与练习

1. 填空题

（1）按照机器人的技术发展水平，可以将工业机器人分为三代，即＿＿＿＿＿＿＿＿机器人、＿＿＿＿＿＿＿＿机器人和＿＿＿＿＿＿＿机器人。

（2）按工业机器人的结构坐标系特点分，机器人分为＿＿＿＿＿、＿＿＿＿＿＿、＿＿＿＿＿＿、＿＿＿＿＿＿四种。

（3）工业机器人的基本特征是＿＿＿＿＿＿＿、＿＿＿＿＿＿＿＿、＿＿＿＿＿＿＿、＿＿＿＿＿＿＿。

（4）工业机器人主要由＿＿＿＿＿＿、＿＿＿＿＿＿和＿＿＿＿＿＿组成。

2. 单项选择题

（1）按工业机器人结构坐标系特点分为（　　　）。

①直角坐标型机器人　②圆柱坐标型机器人　③极坐标型机器人　④多关节坐标型机器人

A. ①③　　　　B. ②③　　　　C. ①②④　　　　D. ①②③④

(2) 国际上工业机器人四巨头指的是（　　　）。

①瑞典 ABB　②日本 FANUC　③日本 YASKAWA　④德国 KUKA　⑤日本 OTC

A. ①②③④　　B. ①②③⑤　　C. ②③④⑤　　D. ①③④⑤

(3) 操作机是工业机器人的机械主体，是用于完成各种作业的执行机构。它主要由哪几部分组成？（　　）

①机械臂　②驱动装置　③传动单元　④内部传感器

A. ①②　　　　B. ①②③　　　C. ①③　　　D. ①②③④

(4) 示教器也称示教编程器或示教盒，主要由液晶屏幕和操作按键组成，可由操作者手持移动。它是机器人的人机交互接口，试问以下哪些机器人操作可通过示教器来完成？（　　　）。

①点动机器人　②编写、测试和运行机器人程序　③设定机器人参数　④查阅机器人状态

A. ①②　　　　B. ①②③　　　C. ①③　　　D. ①②③④

3. 判断题

(1) 工业机器人是一种能自动控制，可重复编程，多功能、多自由度的操作机。（　　　）

(2) 发展工业机器人的主要目的是在不违背"机器人三原则"的前提下，用机器人协助或替代人类从事一些不适合人类甚至超越人类的工作，把人类从大量的、烦琐的、重复的、危险的岗位中解放出来，实现生产自动化、柔性化，避免工伤事故和提高生产效率。

（　　　）

(3) 直角坐标机器人具有结构紧凑、灵活、占地空间小等优点，是目前工业机器人大多采用的结构形式。（　　　）

(4) 机器人手臂是连接机身和手腕的部分。它是执行结构中的主要运动部件，主要用于改变手腕和末端执行器的空间位置，满足机器人的作业空间，并将各种载荷传递到机座。

（　　　）

(5) 工业机器人的腕部传动多采用 RV 减速器，臂部则多采用谐波减速器。（　　　）

第 2 章

安川工业机器人的手动操作

对工业机器人而言，操作者可以通过示教器来控制机器人各关节（轴）的动作，也可以通过运行已有示教程序来实现机器人的自动运转。不过，目前机器人自动运行的程序多数是通过手动操作机器人来创建和编辑的。因此，手动操作机器人是工业机器人示教编程的基础，是完成机器人作业"示教-再现"的前提。那么手动操作工业机器人进行运动究竟需要掌握哪些知识呢？

本章将通过安川工业机器人的 3 种坐标系介绍，手动移动机器人的方式，实现工业机器人的精确定点运动和连续移动，主要目的在于强化读者对机器人运动轴及其在常见坐标系下运动特点的理解，使其掌握手动操作工业机器人的方法。

学习目标

知识目标

◉ 1. 了解安川工业机器人的安全操作规程。
◉ 2. 掌握安川工业机器人的安装步骤。
◉ 3. 掌握安川工业机器人的开机关机步骤。
◉ 4. 掌握安川工业机器人的 3 种坐标系。
◉ 5. 熟悉安川工业机器人的三种原点位置。

能力目标

◉ 1. 能根据安装手册安装安川工业机器人。
◉ 2. 会操作安川工业机器人的开机关机。
◉ 3. 能够独立切换坐标系，手动操作各坐标系。
◉ 4. 会进行各原点位置的校准与设置。

2.1
安川工业机器人安全操作规程

在开启机器人之前，请仔细阅读工业机器人配备的产品手册，务必阅读产品手册里"安全"章节的全部内容。请在熟练掌握设备知识、安全信息以及注意事项后，再正确使用机器人。

安川工业机器人的安全操作主要分人员的安全和机器人的操作安全。

2.1.1 人员安全事项

因为机器人是在一定空间内动作，所以动作空间是危险区域。在机器人的动作空间内，可能发生意外事故。从事安装、操作、保养的相关人员必须时刻谨记安全第一，确保自身安全的同时，还要考虑相关人员及其他人员的安全。

人员安全注意事项如下：

① 避免在机器人安装区域有危险行为。否则，可能会与机器人或周围机器碰撞而导致人员受伤。

② 必须遵守工厂内安全标示上的内容，如"严禁烟火""高压""危险""非相关人员禁止入内"等。否则，可能会因为火灾、触电、碰撞而导致人员受伤。

③ 对于操作工业机器人的工作人员，在穿着方面请严格遵守以下事项：

a. 进车间请穿工作服；

b. 操作机器人时，请不要戴手套；

c. 请不要将内衣、衬衫、领带露在工作服外；

d. 请不要戴大号耳饰、挂饰等；

e. 必须穿安全鞋、戴安全帽等安全防护用品。

④ 必须规定非操作人员禁止靠近机器人的安装区域，并严格遵守规定。否则，可能会与机器人、控制柜、工件以及其他夹具等碰撞而导致人员受伤。

⑤ 请不要强行扳动、悬吊、骑坐机器人，如图 2-1 所示。否则，有可能导致人员受伤、设备受损。

⑥ 请不要坐在控制柜上。否则，可能导致人员受伤、设备受损。请不要随意触碰控制柜开关、按钮等。否则，机器人可能会有预想不到的动作，导致人员受伤、设备受损，如图 2-2 所示。

⑦ 通电中，禁止未经过培训的人员触碰控制柜和示教编程器。否则，机器人可能会有预想不到的动作，导致人员受伤、设备受损。

图 2-1　禁止强行扳动、悬吊、骑坐机器人

图 2-2 禁止动作

2.1.2 机器人的操作安全

在现场操作工业机器人时，若操作安全措施不完善，可能会导致重大事故。为确保安全，必须实施以下的防范措施：

① 请在机器人周围设置安全栏，通电时，不要随意靠近机器人。而且，在安全栏的出入口张贴"运行时禁止入内"等警告标志。另外，请在安全栏的出入口设置带有安全联锁功能的大门。运行开始前，必须确认安全联锁功能已打开。否则，可能会与机器人碰撞，导致重大事故。

② 必须把工具存放在机器人动作范围外的安全场所。否则，由于疏忽把工具放在夹具上，可能会与机器人碰撞，导致机器人或夹具受损。

③ 在机器人上安装夹具、弧焊焊钳等工具前，必须先关闭控制柜和工具的电源，如图2-3 所示。而且，请粘贴"禁止通电"的警告标志。

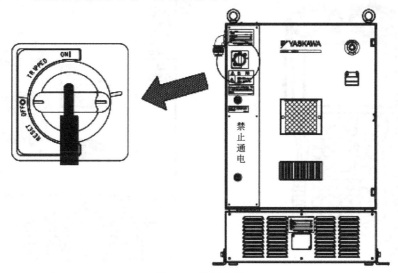

图 2-3 关闭电源

作业中不慎接通电源，可能会触电或造成机器人突然动作，导致人员受伤。

④ 使用机器人时请不要超出使用说明书所记载的规格范围。否则，有可能因为超出规格范围，导致人员受伤、设备受损。

⑤ 示教作业请在机器人动作范围外进行。

⑥ 在机器人动作范围内示教时，请遵守以下事项：

a. 保持从正面观察机器人；

b. 遵守操作步骤；

c. 必须保持警惕，事先考虑好机器人突然朝自己所处方向运动时的应对办法；

d. 确保有躲避空间，以防万一。误操作或机器人不按示教内容动作，可能导致人员受伤。

⑦ 操作机器人前，按下控制柜前门、示教编程器和外部操作设备的急停按钮并确认伺服电源被切断。伺服电源被切断后，示教编程器上伺服接通的 LED 灯会熄灭。紧急情况下，若不能及时停止机器人动作，则可能导致人员受伤、设备受损。

⑧ 进行以下作业时，请确认机器人动作范围内没人，并且操作人员在安全位置：

a. 控制柜电源接通时；

b. 用示教编程器操作机器人时；

c. 试运行程序时；

d. 机器人自动运行时。

另外，发生异常时，请立即按下急停按钮。急停按钮在控制柜的前门和示教编程器的右侧，如图 2-4 所示。

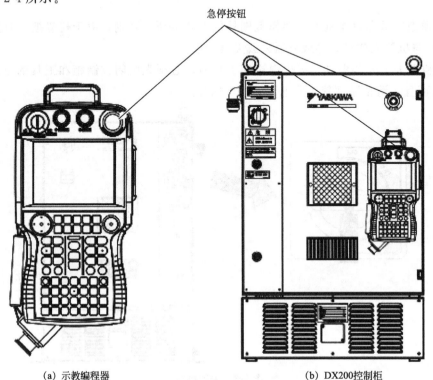

急停按钮

(a) 示教编程器　　　　　　　　　　　(b) DX200控制柜

图 2-4　急停按钮

⑨ 进行机器人示教作业前，请检查以下事项，若发现异常应立即维修及采取其他必要措施：

a. 机器人动作有无异常；

b. 外部电线的遮盖物和外包装有无破损。

⑩ 示教编程器用完后必须放回指定位置。若不慎将示教编程器放置在机器人、夹具或地面上，则当机器人动作时，示教编程器可能会与机器人或夹具碰撞，从而导致人员受伤、设备受损。

2.2
安川工业机器人的安装与接线

购买安川工业机器人产品后，机器人标准规格产品包括机器人、DX200 控制柜（包含附属品）、示教编程器、电源线（机器人～控制柜之间的电线）、全套使用说明书 5 部分，如图 2-5 所示。如有选装件，还需确认其他内容。

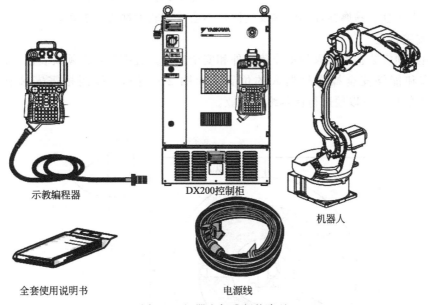

示教编程器　　　　　　　DX200控制柜　　　　　　机器人

全套使用说明书　　　　　　电源线

图 2-5　机器人标准规格产品

示教编程器连接在机器人本体上，电源线用于连接机器人和控制柜，机器人与控制柜之间的线缆用于机器人电机的电源和控制装置，以及编码器接口板的反馈。连接包括与机器人本体的线缆连接和电源连接。电气连接插口因机器人型号不同而略有差别，但是大致相同。

2.2.1 安川工业机器人的安装

(1)搬运控制柜

用叉车搬运控制柜，搬运前，请确认控制柜的重量，选择与其重量相配的吊绳。以安川机器人为例，小型 DX200 的重量大概 170kg，中大型 DX200 的重量大概 180kg。请在搬运时使用吊环螺栓，并在搬运前确认吊环螺栓已拧紧。用叉车搬运控制柜时，请将控制柜固定结实，以防翻倒、偏移。请不要将货叉升得过高。控制柜是精密机械，搬运过程中请避免过度振动和冲击。搬运时，请缓慢前进，如图 2-6 所示。

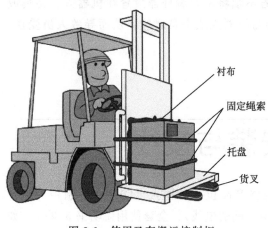

图 2-6　使用叉车搬运控制柜

(2)安装场所及环境要求

工业机器人运行时，周围温度应在 0～45℃，搬运、保管时应在 −10～+60℃ 以内。应保持环境湿度小、较干燥（湿度在 10%～90%RH 以内，无结露），少灰尘、粉尘、油烟、水，无引火性、易腐蚀性的液体及气体，不会受到较大冲击和振动。

(3)安装位置

控制柜必须安装在机器人的动作范围外和安全栏外。且控制柜必须安装在可以完全看清机器人动作和能够安全操作机器人的位置，如图 2-7 所示。控制柜需安装在距离墙壁 500mm 以上的位置，以便进行保养维修作业。

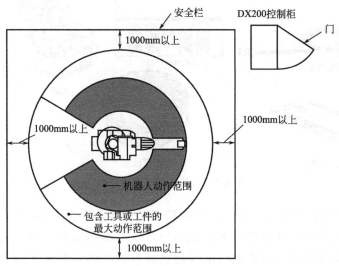

图 2-7　DX200 控制柜的安装位置

（4）安装方法

使用 DX200 控制柜侧面下方的螺孔将其固定在地面或底座上，如图 2-8 所示。

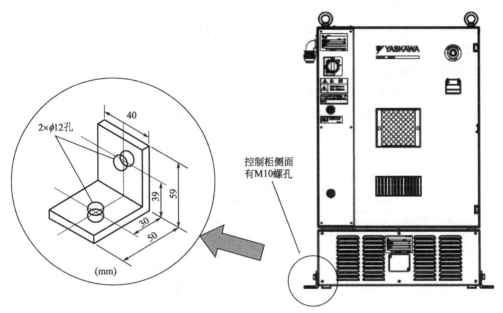

图 2-8　DX200 控制柜的安装

2.2.2　安川工业机器人的接线

（1）接线安全注意事项

在进行安川工业机器人的接线时，需要注意以下安全事项：

① 设备必须接地线，否则，可能发生火灾、触电事故。

② 必须关闭电源后，再进行配线作业。而且，请粘贴"禁止通电"的警告标志。否则，可能发生触电事故，导致人员受伤。

③ 在电源切断后 5min 之内，请不要触碰控制柜内部的基板。否则，有可能因为电容的残留电压发生触电事故，导致人员受伤。

④ 通电中，必须装上断路器的保护罩，并关上控制柜的门。否则，可能发生火灾、触电事故。

⑤ 紧急停止线路的配线由客户负责。配线完成后，必须进行操作检查。否则，可能导致人员受伤，设备故障。

⑥ 配线作业必须由指定人员或有资格的人员进行。否则，可能发生火灾、触电事故。

⑦ 请连接在额定电源上。否则，可能导致人员受伤、设备故障。

⑧ 必须拧紧主电路及控制线路端子的螺栓。否则，可能发生火灾、触电事故。

⑨ 请不要用手指直接触碰基板。否则，集成电路基板（IC）可能会由于静电而发生故障。

⑩ 连接控制柜与周边机器、夹具用控制柜间的电源线要和主电源线分开配线。还要远

离高压电源线，避免平行配线。无法避免的话，请使用金属管或者金属槽来防止电信号的干扰。

⑪ 必须仔细确认电线插头编号后再连接控制柜之间和控制柜与周边机器间的电线。

⑫ 请将控制柜之间和控制柜与周边机器间的配线和配管收纳在坑道内，以防被人或叉车等直接踩压到。

（2）机器人供电电源

DX200 控制柜的供电是 AC380V 50/60Hz 三相电源。若有噪声，请在无熔断器断路器的一侧电源上安装三相滤波器，如图 2-9 所示。此外，各电线的连接口需密封好，防止灰尘进入。

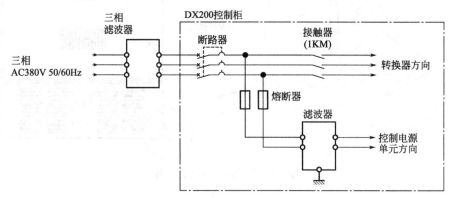

图 2-9　三相滤波器的连接

给 DX200 控制柜安装漏电断路器时，请使用可应对高频的漏电断路器。它能防止逆变器因为高频漏电引起的错误动作。

对于 DX200 控制柜和焊机，应在主电源上分别安装断路器，如图 2-10 所示。

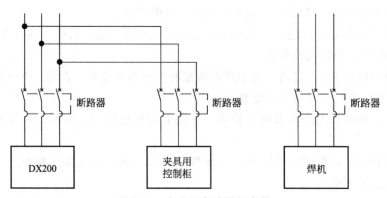

图 2-10　主电源断路器的安装

连接主电源时，一定要注意电源容量，电源容量根据使用条件会有所不同，不同的电源容量所使用的电线尺寸不同，所选择的断路器容量也不一样，一定要选择相匹配或者更大尺寸的电线和断路器。表 2-1 所列出的是 DX200 控制柜最大负荷（负载重量、动作速度、频率等）时的电源容量。

表 2-1　DX200 控制柜电源容量、电线尺寸及断路器

机器人	电源容量/kVA	电线尺寸(端子尺寸) ［橡胶绝缘电线(3 芯)时］/mm²	DX200 断路器容量/A
MA1440	1.5	3.5(M5)	15
MH12	1.5	3.5(M5)	15
MS210	5.0	5.5(M5)	30

（3）机器人接线

机器人的接线主要有：机器人与控制柜之间，用供电电线连接；主电源与控制柜之间，用主电源电线连接；控制柜与示教编程器之间，用示教编程器电线连接。机器人的接线概况如图 2-11 所示。主电源的接线方法如下。

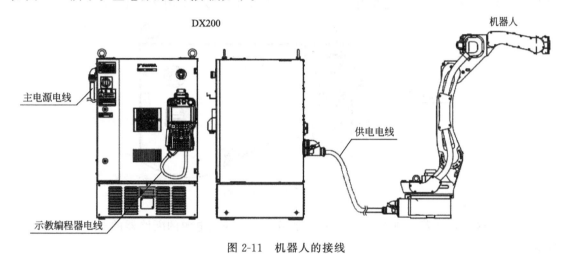

图 2-11　机器人的接线

① 打开 DX200 控制柜的正门，使用一字螺丝刀将 DX200 控制柜正门的门锁顺时针方向旋转 90°，如图 2-12 所示。

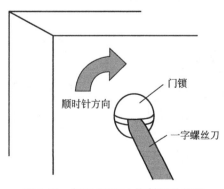

图 2-12　打开 DX200 控制柜的门锁

② 旋转主电源开关到 OFF 的位置，如图 2-13 所示，就可以打开门了。

③ 插入主电源电线，插入前请确认已关闭主电源。将主电源电线从 DX200 控制柜上面

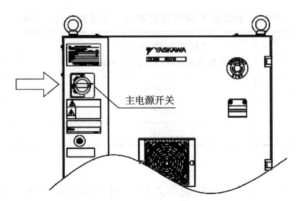

图 2-13 旋转主电源开关到 OFF 位置

的电源电线插口插入，并用电线夹套固定住，以免发生偏移，如图 2-14 所示。

图 2-14 插入主电源电线

④ 拔出端子，顺着方向拔出 DX200 控制柜左上方的主电源的断路器的盖子，如图 2-15 所示。

⑤ 连接接地线，将接地线连接到 DX200 控制柜左上方的断路器右侧的接地端子上，如图 2-16 所示。进行 D 类接地工程时必须符合电气设备技术规格，接地线的尺寸必须大于电源线的尺寸。请不要与电力、动力、焊接机械等接地线或接地极共同使用。

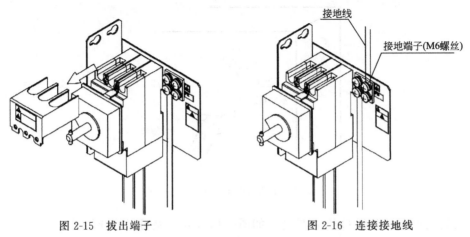

图 2-15 拔出端子　　　　　　图 2-16 连接接地线

⑥ 连接主电源，如图 2-17 所示。

⑦ 安装盖子，如图 2-18 所示。

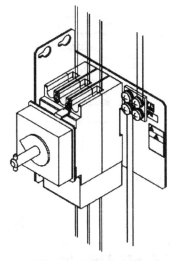
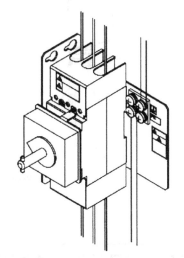

图 2-17　连接主电源　　　　　　　图 2-18　安装盖子

⑧ 连接电源线，打开包装，将电源线连接到 DX200 控制柜背面的插座上，如图 2-19 所示。

⑨ 连接机器人和 DX200 控制柜，确认电源线的插头编号，将连接到 DX200 控制柜插座上的电源线另一端连接到机器人一侧相同编号的插座，必须插紧。

⑩ 关闭 DX200 控制柜的门，将门锁逆时针方向旋转 90°，如图 2-20 所示。

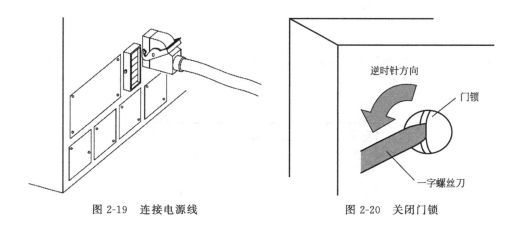

逆时针方向

门锁

一字螺丝刀

图 2-19　连接电源线　　　　　　　图 2-20　关闭门锁

⑪ 连接示教编程器，将示教编程器的电缆连接到 DX200 控制柜柜门右下方的插头上，如图 2-21 所示。

至此，机器人、DX200 控制柜、示教编程器的连接全部完成。

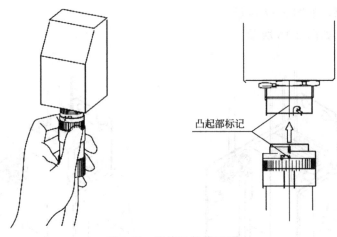

图 2-21　连接示教编程器

2.3
安川工业机器人的开机关机操作

扫码看：机器人的
开机关机操作

2.3.1　开机操作

> **注意**　接通控制柜电源时，请先确认机器人动作范围内无人，并且操作人员在安全位置。若不慎进入机器人的动作范围内，可能会与机器人碰撞，而导致人员受伤。发生异常时，请立即按下急停按钮。

（1）打开电源

　　将 DX200 控制柜的前门主电源开关转到"ON"的位置，如图 2-22 所示，这时控制柜、机器人、示教器就会供电。控制柜内部控制系统会进行开机、检查和生成当前值。

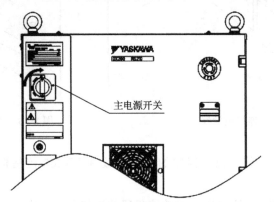

主电源开关

图 2-22　主电源开关转到"ON"

接通电源后，DX200 控制柜内部就会进行开机检查，在编程器画面上会显示开机启动画面，如图 2-23 所示。这个过程就像电脑的操作系统，其实示教器里面就是一个操作系统，电脑开机系统启动会进行开机检查，机器人开机示教器系统启动，也会加载系统程序，进行开机自检。这个过程需要等待几分钟，等待系统加载开机界面，开机界面如图 2-24 所示。

图 2-23   示教器启动画面

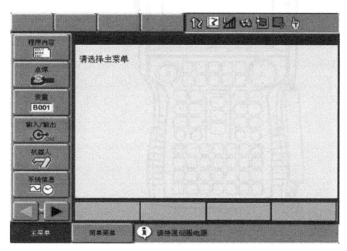

图 2-24   示教器开机界面

开机界面的信息是上次切断电源时被保存的信息，包括动作模式、读取的程序（在线模式下实行的程序，示教模式下编辑的程序）和程序中的光标位置。

（2）松开急停按钮

机器人开机后还不能操作机器人，因为急停按钮被按下时，伺服电源会被切断，无法操作机器人。这时需要将 DX200 控制柜上的急停按钮和示教器上的急停按钮松开。急停按钮在 DX200 控制柜的前门处及示教编程器右侧，如图 2-25 所示，松开急停按钮只需将急停按钮向右旋转小半圈就自动弹开了。

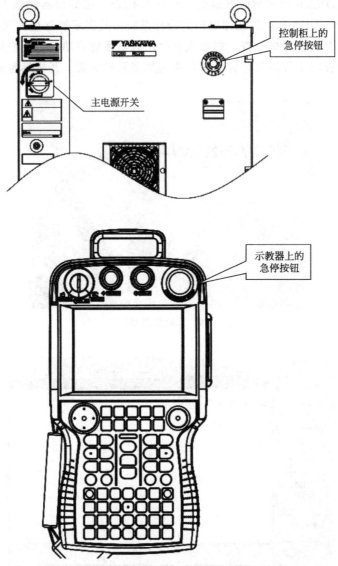

图 2-25 控制柜和示教器的急停按钮

2.3.2 关机操作

> 🔰**注意** 编程器画面上显示沙漏标志时，表示正在处理数据。数据处理过程中，切断电源的话可能会损坏数据。因此，编程器画面上显示有沙漏标志期间，请不要切断电源。

（1）关闭急停按钮

为避免切断机器人电源过程中机器人自带程序与操作人员发生碰撞，所以在切断主电源前需先切断伺服电源，只需依次按下控制柜和示教器的急停按钮即可。安川机器人的急停按钮是自锁式，按下即锁住，伺服电源一直处于断电状态。

（2）关闭电源

关闭电源前请保存好数据，避免断电损坏数据。

将 DX200 控制柜前门的主电源开关旋转至 OFF 一侧时，主电源就会被切断，如图 2-26 所示。关闭电源后请将示教器的线整理好，并将示教器挂在控制柜上。

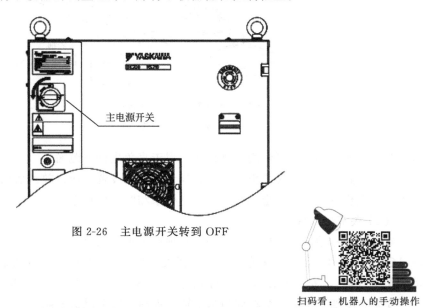

图 2-26　主电源开关转到 OFF

扫码看：机器人的手动操作

2.4
安川工业机器人的运动轴与坐标系

2.4.1　机器人运动轴

工业机器人在生产中应用，除了其本身的性能特点要满足作业要求外，一般还需配置相应的外围配套设备，如工件的工装夹具，转动工件的回转台、翻转台，移动工件的移动台等。这些外围设备的运动和位置控制都要与工业机器人相配合，并具有相应的精度。安川工业机器人的运动轴按其功能可划分为机器人轴、基座轴和工装轴，基座轴和工装轴统称外部轴，如图 2-27 所示。机器人轴是指机器人操作机（本体）的轴，属于机器人本身。如前文所述，目前商用工业机器人大多采用 6 轴关节型。基座轴是用来移动整个机器人的，主要指行走轴（移动滑台或导轨）；工装轴是除机器人轴、基座轴以外的轴的总称，指使工件、工装夹具翻转和回转的轴，如回转台、翻转台等。

2.4.2　机器人坐标系

工业机器人的运动实质是根据不同作业内容、轨迹的要求，在各种坐标系下的运动。换句话说，对机器人进行示教或手动操作时，其运动方式是在不同的坐标系下进行的。安川工业机器人的坐标系有关节坐标系、直角坐标系、圆柱坐标系、工具坐标系、用户坐标系、示

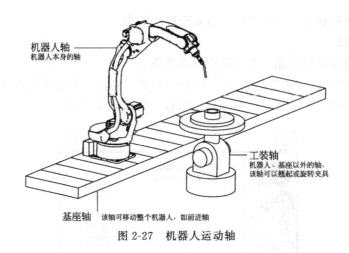

机器人轴
机器人本身的轴

工装轴
机器人、基座以外的轴，
该轴可以翘起或旋转夹具

基座轴　该轴可移动整个机器人，如前进轴

图 2-27　机器人运动轴

教线坐标，而工具坐标系和用户坐标系同属于直角坐标系范畴。

由于工具坐标系和用户坐标系需要操作示教器设置，所以放入后面章节讲解，这里先介绍安川工业机器人的关节坐标系、直角坐标系和圆柱坐标系。

（1）关节坐标系

在关节坐标系下，机器人各轴均可实现单独正向或反向运动。对于大范围运动，且不要求 TCP（工具坐标原点）姿态的，可选择关节坐标系。6 轴关节型机器人操作机有 6 个可活动的关节（轴），安川机器人 6 轴分别定义为 S 轴、L 轴、U 轴、R 轴、B 轴、T 轴。其中，S 轴、L 轴、U 轴三个轴称为基本轴或主轴，用于保证末端执行器达到工作空间的任意位置；R 轴、B 轴、T 轴三个轴称为腕部轴或次轴，用于实现末端执行器的任意空间姿态，安川机器人的各轴动作如表 2-2 所示。

表 2-2　机器人本体运动轴定义

轴类型	轴名称	动作说明	动作图示
主轴（基本轴）	S 轴	本体回转	
	L 轴	大臂运动	
	U 轴	小臂运动	
次轴（腕部轴）	R 轴	手腕旋转运动	
	B 轴	手腕上下摆运动	
	T 轴	手腕圆周运动	

（2）直角坐标系

直角坐标系（也叫世界坐标系、大地坐标系）是机器人示教与编程时经常使用的坐标系之一，主要原因是大家对它比较熟悉。直角坐标系的原点定义在机器人安装面与第一转动轴的交点处，X 轴向前，Z 轴向上，Y 轴按右手法则确定，如图 2-28 所示。在直角坐标系中，不管机器人处于什么位置，工具中心点（TCP）均可沿设定的 X 轴、Y 轴、Z 轴平行移动。

（3）圆柱坐标系

一般机器人只有关节坐标系、直角坐标系、工具坐标系和工件坐标系这 4 个坐标系，但安川机器人有个特殊的坐标系，就是圆柱坐标系，该坐标系如图 2-29 所示，机器人的前端在 θ 轴中围绕 S 轴运动，R 轴平行 L 轴臂动作，Z 轴的运动情况和直角坐标系 Z 轴相同。

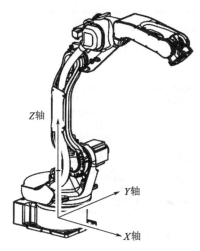
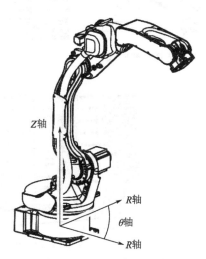

图 2-28　直角坐标系原点　　　　　图 2-29　圆柱坐标系原点

（4）操作各坐标系

在操作机器人前，请务必阅读 2.1 节"安川工业机器人安全操作规程"，确认机器人操作系统不会给操作人员及设备周围带来危险。各坐标系的操作步骤如下：

① 正常开机　请仔细阅读 2.3 节"安川工业机器人的开机关机操作"，正常开机后，双手拿示教器，将示教器的线整理好，防止缠绕机器人，防止操作人员绊倒。

② 选择示教模式　在操作示教器前请确保操作人员跟机器人保持一定的安全距离。将示教编程器的模式切换到示教模式，如图 2-30 所示，旋转该键，选择［TEACH］，进入示教模式，使用示教编程器可以进行轴操作或编辑作业。此时可以在示教器画面状态栏看到示教模式的图标，如图 2-31 所示，一只黄色的手图标。

③ 选择运动轴　当系统有多个运动轴或协作系统（可选）时，首先选择所要操作的目标运动轴。已登录多个机器人、基座、工装时，通过［转换］＋［机器人切换］或［转换］＋［外部轴切换］来切换运动轴。另外，在选择程序后，该程序中所登录的运动轴就会成为操作对象。对于编辑程序中登录的运动轴，可通过［机器人切换］或［外部轴切换］进行切换，没有外部轴时不需要切换，切换按键如图 2-32 所示。

图 2-30 选择示教模式　　　　　图 2-31 示教模式图标

图 2-32 机器人运动轴切换按键

④ 选择坐标系　按下坐标系图标，选择操作对象的坐标系。关节→直角（圆柱）→工具→用户→示教线坐标（只限于弧焊用），各坐标系如图 2-33 所示，每按一次键，都会进行切换。机器人的坐标系图标会在示教器画面状态栏显示，如图 2-34 所示，请在状态栏确认。

：关节坐标系

：直角坐标系

：圆柱坐标系

：工具坐标系

：用户坐标系

：示教线坐标系(仅用于弧焊)

图 2-33 各坐标系　　　　　　图 2-34 坐标系图标

⑤ 选择速度　在操作机器人各轴之前需要设置机器人运动速度。为防止操作失误机器人撞向周边设备或者操作人员，初次操作机器人建议将速度设置在低速及以下，只需略微观察机器人运动即可。设置速度只需按下示教器手动速度按键［高］或［低］，即可增加或降低机器人操作速度。该速度在示教运行机器人程序时，［下一步］或［后退］执行程序时也有效。

每按一次手动速度［高］，就会以"微动"→"低"→"中"→"高"的顺序切换，每按一次手动速度［低］，就会以"微动"→"高"→"中"→"低"的顺序切换，按键如图2-35 所示。

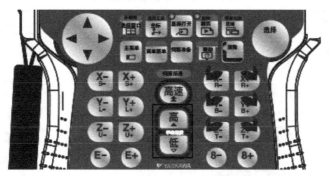

图 2-35　手动速度［高］［低］按键

⑥ 打开伺服　在打开伺服前，请确保机器人控制柜和示教器上的急停按钮没有被按下。

打开伺服首先要按下示教编程器的［伺服准备］按钮，点动按下即可，按下后伺服接通LED 灯会闪烁，如图 2-36 所示。然后握住示教编程器的使能开关，如图 2-37 所示，示教编程器的伺服接通 LED 灯就会亮起。

图 2-36　伺服接通 LED 灯

图 2-37　握住使能开关

注意　握住启动开关，会接通伺服电源，伺服接通 LED 灯就会亮起。不过，一下子握得太紧，如果有"咔哧"声的话，会切断伺服电源。

松开时关闭

握住时开启

强力握住时关闭

⑦ 轴操作 再次确认机器人周边是否安全。在此状态下，按下轴操作键，机器人轴就会根据已选择的运动轴、坐标系、手动速度进行动作。

（5）各坐标系对应的轴操作

① 关节坐标系 在关节坐标系中，可单独操作机器人的各轴。若对无轴机器人按下［轴操作键］时，机器人将不会进行任何轴动作。关节坐标系中各操作按键对应的轴动作如表 2-3 所示。

表 2-3　关节坐标系的轴操作

轴类型	轴名称	轴操作	动作说明	动作图示
基本轴	S 轴	X- S- / X+ S+	本体左右旋转	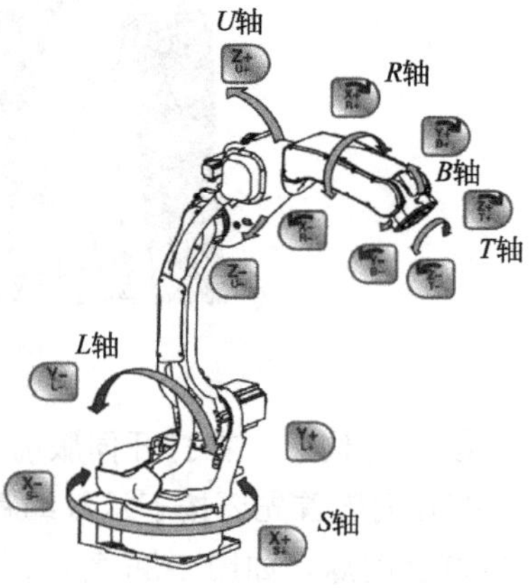
	L 轴	Y- L- / Y+ L+	下臂前后运动	
	U 轴	Z- U- / Z+ U+	上臂上下运动	
手腕轴	R 轴	X- R- / X+ R+	手腕旋转	
	B 轴	Y- B- / Y+ B+	手腕上下运动	
	T 轴	Z- T- / Z+ T+	手腕旋转	

② 直角坐标系 在直角坐标系中，机器人平行于本体轴的 X 轴、Y 轴和 Z 轴进行动作。直角坐标系中各操作按键对应的轴动作如表 2-4 所示，机器人沿 X 轴、Y 轴、Z 轴的动作方向如图 2-38 所示。

表 2-4　直角坐标系的轴操作

轴类型	轴名称	轴操作	动作说明	动作图示
基本轴	X 轴	X- S- / X+ S+	平行 X 轴移动	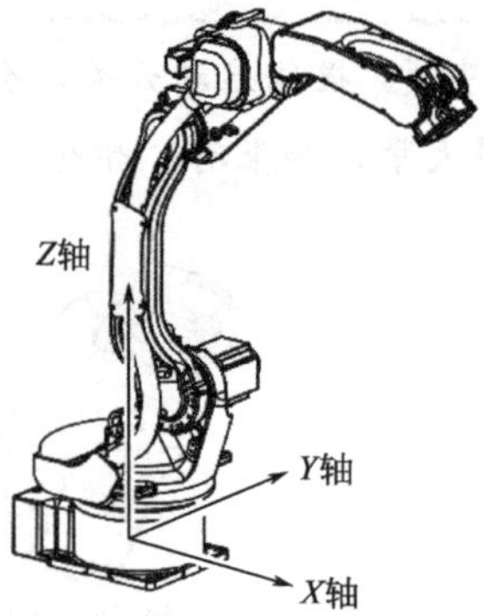
	Y 轴	Y- L- / Y+ L+	平行 Y 轴移动	
	Z 轴	Z- U- / Z+ U+	平行 Z 轴移动	
手腕轴		固定控制点动作		

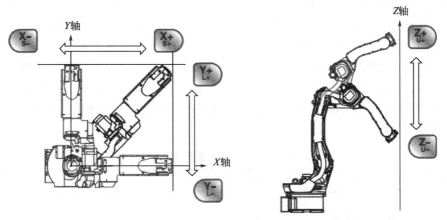

图 2-38　机器人沿 X 轴、Y 轴、Z 轴的动作方向

③ 圆柱坐标系　在圆柱坐标系中，机器人围绕本体轴的 Z 轴作旋转运动，或和 Z 轴作直角平行运动。圆柱坐标系中各操作按键对应的轴动作如表 2-5 所示，机器人沿 θ 轴、R 轴的动作方向如图 2-39 所示。

表 2-5　圆柱坐标系的轴操作

轴类型	轴名称	轴操作	动作说明	动作图示
基本轴	θ 轴		本体旋转	
	R 轴		垂直 Z 轴移动	
	Z 轴		平行 Z 轴移动	
手腕轴		固定控制点动作		

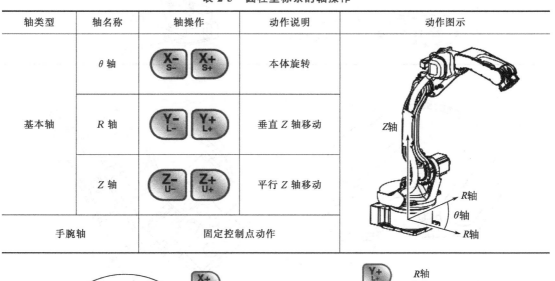

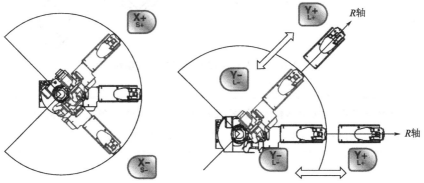

图 2-39　机器人沿 θ 轴、R 轴的动作方向

④ 固定控制点操作 固定控制点操作是指不改变工具前端位置（控制点），只改变姿势的轴操作。可在关节以外的坐标系中进行此操作。操作固定控制点的机器人时，各手腕轴的旋转会因所选坐标系的不同而不同。在直角/圆柱坐标系中，固定控制点操作按键对应的动作如表 2-6 所示（这里仅以 6 轴机器人为例）。这里以弧焊和点焊时机器人焊钳固定控制点操作焊接为例，如图 2-40 所示，当需要焊接某一控制点时，设置好工具坐标系，将工具坐标系设置在控制点，这样机器人就可以围绕控制点进行焊接，不会偏移，机器人默认控制点在法兰盘坐标中心点。

表 2-6　固定控制点的轴操作

轴名称	轴操作	动作说明	动作图示
手腕轴	[X- R-] [X+ R+]	沿 X 轴顺时针逆时针旋转	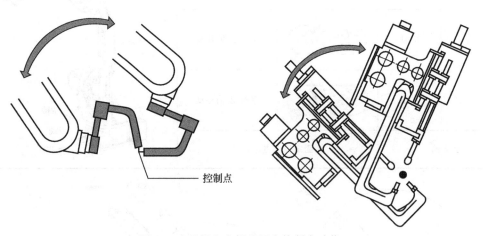
	[Y- B-] [Y+ B+]	沿 Y 轴顺时针逆时针旋转	
	[Z- T-] [Z+ T+]	沿 Z 轴顺时针逆时针旋转	

控制点

图 2-40　弧焊和点焊的固定控制点动作

注意　同时按下多个［轴操作键］，机器人将进行组合动作。但是，当同时按下任意轴的两个相反方向按键，例如［S—］＋［S+］，此时机器人停止不动。

2.5
安川机器人各原点位置调试

安川工业机器人有三种原点数据，分别是原点位置、第二原点位置、作业原点位置。

2.5.1 原点位置

（1）机器人的原点位置姿势

机器人原点位置是所有关节脉冲数为 0 的位置，如图 2-41 所示为安川 MA1440 工业机器人的原点位置姿势，其中下臂（L 轴）中心与地面垂直，上臂（U 轴）中心与水平面平行，B 轴与 U 轴中心线夹角为 0°。机器人机型不同，原点位置姿态也不同，具体请参照各机型对应的机器人使用说明书。

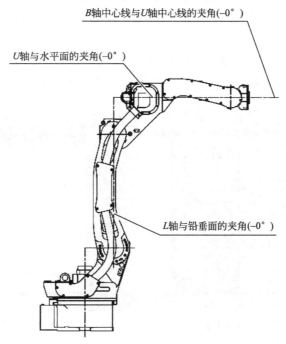

图 2-41　安川 MA1440 工业机器人的原点位置姿势

（2）原点位置校准的情形

安川机器人原点位置校准是使机器人各轴角度与连接在各轴电机上的绝对值脉冲编码器计数值对应起来的操作，原点位置的校准也就是求取零位中的脉冲计数值的操作。机器人出厂前原点位置已经设置好，所以正常情况无须重新校准。但出现下列情形之一时要求执行这一操作，否则无法正常进行机器人的示教编程与回放操作。

① 一般机器人本体与机器人控制柜（DX200）是一个固定的组合，当组合改变时，需

要重新进行原点位置校准。

② 机器人的位置与姿态是通过各个关节轴的绝对脉冲编码器的脉冲计数值来确定的，而脉冲计数值数据则由机器人机构部后备电池进行保持。电池用尽时将会导致数据丢失，此时需要重新进行原点位置校准。

③ 在更换了轴电机或电机轴端的绝对值位置编码器时，要重新进行原点位置校准。

④ 当更换电路控制板（例如，NX100 电路控制板 NCP01，XRC 控制器的电路控制板 XCP01）或清除内存数据时，需要执行原点位置校准。

⑤ 机器人本体与工件碰撞而造成原点位置的偏移时，也要进行原点位置校准。

（3）创建原点位置操作

使用轴操作键调整机器人的姿势，将机器人关节轴移动到原点位置（home position），再执行创建操作。在已知机器人原点位置数据和机器人已处于原点位置状态时，可以直接输入绝对原点位置数据。

创建原点位置有以下两种操作方法。

6 轴同时创建：更换机器人和控制柜的组合时，6 轴同时登录原点位置。

各轴单独创建：更换电机或编码器时，单独登录电机或编码器对应的各轴原点位置。

① 6 轴同时创建

a. 选择主菜单中的【机器人】，显示子菜单，如图 2-42 所示。

b. 选择【原点位置】，显示原点位置创建画面，如图 2-43 所示。

图 2-42　选择主菜单【机器人】

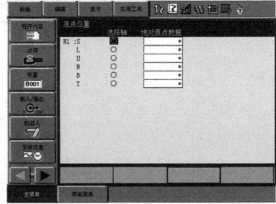

图 2-43　选择【原点位置】

c. 选择菜单中的【显示】，显示下拉菜单，如图 2-44 所示。

上述操作，如果选择【进入指定页】也可进行，此时显示选择目录，如图 2-45 所示。

d. 选择进行原点位置校准的运动轴组，如果选择【进入指定页】也可进行。

e. 选择菜单中的【编辑】，显示下拉菜单，如图 2-46 所示。

f. 选择【选择全部轴】，显示确认对话框，如图 2-47 所示。

g. 选择"是"，所显示的全轴的当前值，将被作为原点登录。如选择"否"，则操作中止。

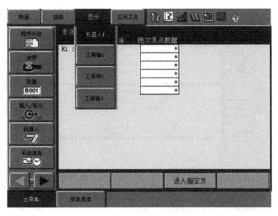

图 2-44 选择【显示】

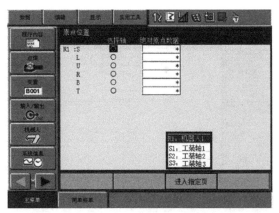

图 2-45 选择【进入指定页】

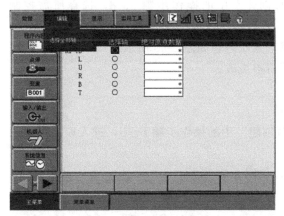

图 2-46 选择【编辑】

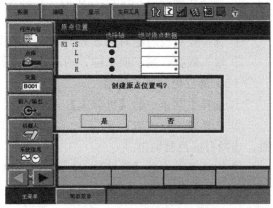

图 2-47 选择【选择全部轴】

② 各轴单独创建

a. 选择主菜单中的【机器人】，显示子菜单。

b. 选择【原点位置】。

c. 选择控制轴组，按照上述的"6 轴同时创建"中的操作步骤 c、d，选择目标控制轴组。

d. 将光标移至目标轴，并选中，如图 2-48 所示。显示确认对话框，如图 2-49 所示。

e. 选择"是"，显示各轴的当前值，将被作为原点数据登录。如果选择"否"，则操作中止。

（4）更改绝对原点数据

仅更改原点位置创建完成的轴的绝对原点数据时，请进行如下操作。

① 选择主菜单中的【机器人】，显示子菜单。

② 选择【原点位置】。

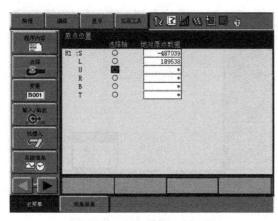

图 2-48　光标移动到目标轴　　　　　　　图 2-49　确认对话框

③ 选择控制轴组，按照上述的"6 轴同时创建"中的操作步骤 c、d，选择所需控制轴组。

④ 选择要更改的绝对原点数据，进入数据输入状态，如图 2-50 所示。

⑤ 输入数据，按下回车键，绝对原点数据将被更改。

（5）清空绝对原点数据

① 选择主菜单中的【机器人】，显示子菜单。

② 选择【原点位置】，按上述的"6 轴同时创建"中的操作步骤 b～d，进入原点创建画面，选择目标控制轴组。

③ 选择菜单中的【数据】，显示下拉菜单，如图 2-51 所示。

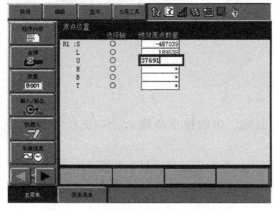
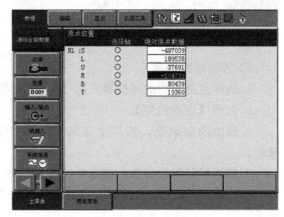

图 2-50　选择要更改的绝对原点数据　　　　　图 2-51　选择【数据】

④ 选择【清空全部数据】，显示确认对话框，如图 2-52 所示。

⑤ 选择"是"，所有数据被清空，如图 2-53 所示，如果选择"否"，则操作中止。

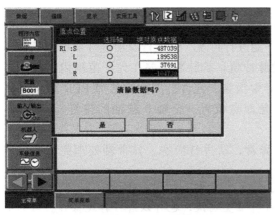

图 2-52 选择【清空全部数据】

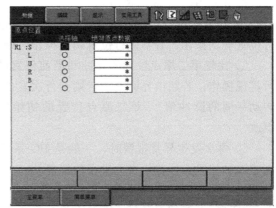

图 2-53 清空数据

2.5.2 第二原点位置

（1）第二原点位置设置的目的

机器人接通电源时，如果绝对脉冲编码器的位置数据与上次关断电源时的数据不同，将会出现"绝对数据允许范围异常"报警（4107）信息。绝对脉冲编码器（PG）故障或机器人断电后的位置移动等是产生上述故障与报警的原因。如果是由于 PG 系统发生异常引起的报警，按下启动按钮机器人开始再现动作时，机器人会有意想不到的动作，非常危险。因此，为了确保安全性，发生绝对值允许范围异常报警后，只有确认第二原点位置的操作完成后，才能进行再现或试运行。

报警出现后操作流程如图 2-54 所示。

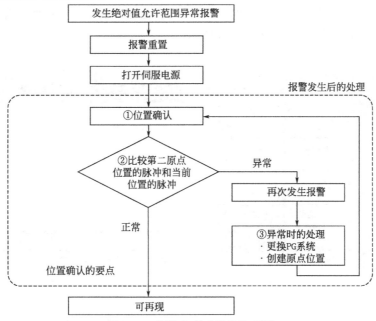

图 2-54 报警出现后操作流程图

图 2-54 中①～③的说明如下：

① 发生绝对值允许范围异常报警后，通过轴操作，将机器人移动到第二原点位置，进行位置确认操作，若不进行位置确认操作，则不能进行再现、试运行及前进等操作。

② 比较第二原点位置的脉冲和当前位置的脉冲值，若脉冲值差在允许范围内，则可进行再现操作；若超出允许范围，则会再次发出异常报警。允许范围脉冲值为 PPR 值（电机转动一周的脉冲值），第二原点位置的初始值是原点位置（全轴 0 脉冲的位置），也可以更改。

③ 再次发生异常报警时，一般是 PG 系统异常，请进行检查。异常轴处理完成后，请创建该轴的原点位置，再次进行位置确认。

> **注意** 6 轴同时校准原点位置时，即使不进行位置确认，也可以进行再现操作。
>
> 由于此生产系统使用的机器人没有制动器，在其发生绝对值允许范围异常报警后，即便不进行位置确认，仍可进行再现操作。
>
> 此时，机器人按如下内容动作：启动后，机器人以低速（最大速度的 1/10）移动到光标所在的程序的位置点。低速动作时，如果发生暂停、再次启动，机器人继续以低速移动到光标所在的程序的位置点。到达光标所在的程序的位置点后，停止机器人动作。停止后，再启动时，机器人将按程序要求的速度动作。

（2）第二原点位置的设定步骤

和机器人固有的原点位置不同，第二原点位置是作为绝对数据的检查点而设定的。请按照下面的操作内容设定第二原点位置。使用一个控制柜来控制多台机器人或工装轴时，每一台机器人或者工装轴都必须设定第二原点位置。

① 选择主菜单中的【机器人】，显示子菜单，如图 2-55 所示。

② 选择【第二原点位置】，显示"第二原点位置画面"的信息。此时会显示"能够移动或修改第二原点位置"的信息，如图 2-56 所示。

图 2-55　选择【机器人】

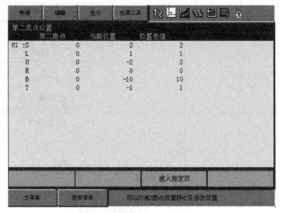
图 2-56　选择【第二原点位置】

③ 按下翻页键或者选择【进入指定页】，有多个控制轴组时，选择要设定第二原点的控

制轴组，如图 2-57 所示。

图 2-57　选择控制轴组

④ 按下轴操作键，将机器人移动到新的第二原点位置。

⑤ 按下修改键回车键，更改第二原点位置。

（3）发生报警后的处理

如果发生绝对数据允许范围异常报警时，先复位报警，再接通伺服电源，之后请再进行位置确认。确认如果是 PG 系统异常，请进行更换。切断主电源时机器人的当前值和再次接通主电源时机器人的当前值，可在电源接通/断开位置画面确认。

位置确认步骤操作如下：

① 选择主菜单中的【机器人】，显示子菜单。

② 选择【第二原点位置】，显示第二原点位置画面。

③ 按下翻页键或者选择【进入指定页】，有多个控制轴组时，请选择第二原点的控制轴组。

④ 按下前进键，控制点移动到第二原点位置，移动速度是此时选择的手动速度。

⑤ 选择菜单中的【数据】。

⑥ 选择【位置确认】，显示"已经进行位置确认操作"的信息。比较第二原点位置的脉冲值和当前位置的脉冲值，若脉冲值差在允许范围内，则可进行再现操作；若超过允许范围，则会再次发出异常报警。

2.5.3　作业原点位置

（1）作业原点的定义

作业原点是与机器人作业相关的基准点。它是以机器人不与周边机器发生生产线启动的始点为前提条件，机器人必须在设定范围内。通过示教编程器或外部信号输入，调整机器人的姿势，使机器人移动到已设定好的作业原点位置。当机器人在作业原点位置的附近时，作业原点位置信号开启。

（2）作业原点的设置

① 选择主菜单中的【机器人】。

② 选择【作业原点位置】，显示作业原点位置画面，如图 2-58 所示。

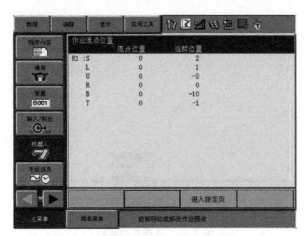

图 2-58　【作业原点位置】画面

③ 按下翻页键，如果是有多台机器人，可以按下翻页键来切换控制轴组，也可通过选择【翻页】来选择目标的控制轴组。

④ 在作业原点位置画面按下轴操作键，将机器人移动到新的作业点位置。

⑤ 按下修改键回车键，作业原点位置被更改。

⑥ 移动到作业原点。

示教模式时：在作业原点位置画面按下前进键，向作业原点移动，移动速度为选择的手动速度。

再现模式时：有作业原点复位信号输入时（启动检测），向作业原点移动。此时，显示"作业原点复位中"的信息。但移动插补 MOVJ 速度是根据参数设定的。

⑦ 作业原点信号的输出。机器人动作时位置的确认，只要机器人控制点进入作业原点立方体内，立即输出信号。

思考与练习

1. 填空题

（1）一般来说，机器人运动轴按其功能可划分为＿＿＿＿＿＿＿、＿＿＿＿＿＿＿＿和工装轴，＿＿＿＿＿＿＿＿和工装轴统称＿＿＿＿＿＿＿＿。

（2）在进行相对于工件不改变工具姿态的平移操作时选用＿＿＿＿＿＿＿坐标系最为适宜。

（3）安川工业机器人有三种原点数据，分别是＿＿＿＿＿＿＿＿位置、＿＿＿＿＿＿＿＿位置、＿＿＿＿＿＿＿位置。

2. 单项选择题

（1）工业机器人常见的坐标系有（　　　）。

①关节坐标系　②直角坐标系　③工具坐标系　④用户坐标系

A. ①②　　　　　B. ①②③　　　　C. ①③④　　　　D. ①②③④

(2) 安川工业机器人的运动轴按其功能划分有（　　）。

　　①机器人轴　　　②基座轴　　　　③工装轴　　　　④外部轴

　　A. ①②　　　　　B. ①②③　　　　C. ①③④　　　　D. ①②③④

3. 判断题

(1) 在直角坐标系下，机器人各轴可实现单独正向或反向运动。　　　　　　（　　）

(2) 机器人在关节坐标系下完成的动作，无法在直角坐标系下实现。　　　　（　　）

(3) 当机器人发生故障需要进入安全围栏进行维修时，需要在安全围栏外配备安全监督人员
　　以便在机器人异常运转时能够迅速按下紧急停止按钮。　　　　　　　　（　　）

(4) 示教时，为爱护示教器，最好戴上手套。　　　　　　　　　　　　　　（　　）

(5) 手动操作移动机器人时，机器人运动数据将不被保存。　　　　　　　　（　　）

第 3 章

安川工业机器人的程序编写及管理

一般工业机器人采用示教再现式的操作方式，即由操作人员引导机器人，记录示教全过程，机器人根据需要重复上述动作。但是在实际操作中，并不能将空间轨迹上的所有点都示教一遍。因为这样既烦琐，又占用了计算机内存。实际上对于有规律的轨迹，仅示教几个特征点，例如：直线轨迹需要示教两个点，圆弧轨迹需要示教三个点等，机器人再现操作时，根据示教特征点的位置和姿态数据以及运动轨迹要求，利用插补算法实时获得示教轨迹中间点的坐标，再通过机器人逆运动求解算法，把轨迹中间点的位置数据转变为对应的关节角度，最后采用角位置闭环控制系统去实现要求的轨迹运动。

本章将对安川工业机器人新建程序、程序管理、四种插补指令编程应用、示教再现模式程序运行予以重点阐述，并通过实例说明作业示教的主要内容、基本流程和注意事项，旨在加深大家对机器人作业编程和示教再现的认知。

3.1
四种插补指令

扫码看：四种插补指令应用

3.1.1 编程语言

（1）什么是 INFORM

为使机器人能够进行再现，就必须把机器人工作单元的作业过程用机器人语言编成程序。然而，目前机器人编程语言还不是通用语言，各机器人生产厂商都有自己的编程语言，如 ABB 机器人编程用 RAPID 语言（类似 C 语言），FANUC 机器人用 KAREL 语言（类似 Pascal 语言），YASKAWA 机器人用 INFORM III 语言（类似 C 语言），KUKA 机器人用 KRL 语言（类似 C 语言）等。不过，好在一般用户接触到的语言都是机器人公司自己开发的针对用户的语言平台，通俗易懂，在这一层面，因各机器人所具有的功能基本相同，因此不论语法规则和语言形式变化多大，其关键特性大都相似。因此，只要掌握某一品牌机器人的示教与再现方法，对于其他厂家机器人的作业编程就很容易上手。

INFORM 由命令和附加项目（标号、数值数据）构成，下面以 MOVJ 为例。

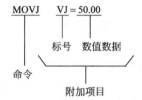

命令：执行处理及作业的指示。如果是移动命令，则在执行位置示教后自动显示与插补方式相对应的命令。

附加项目：根据命令种类进行速度、时间等的设定。根据需要向设定条件的标号附加数值数据及字符数据。

（2）命令的种类

INFORM 语言处理及作业的命令可分为很多种类：I/O 命令、控制命令、演算命令、移动命令、平移命令、命令的附加命令、作业命令、选项命令等，如表 3-1 所示。

表 3-1　常见的 INFORM 语言处理及作业的命令

种　类	内　容	命令示例
I/O 命令	对输入输出进行控制的命令	DOUT、WAIT
控制命令	对处理及作业进行控制的命令	JUMP、TIMER
演算命令	使用变量等进行演算的命令	ADD、SET
移动命令	与移动及速度相关的命令	MOVJ、REFP
平移命令	平移当前示教位置时使用的命令	SFTON、SFTOF

续表

种　类	内　容	命令示例
命令的附加命令	附加于命令的命令	IF、UNTIL
作业命令	与弧焊、搬运等作业相关的命令	ARCON、WVON
选项命令	与选项功能相关的命令,仅选项功能有效时可使用	—

（3）命令集

为提高操作效率,对登录命令时的可登录个数设有限制。另外,在执行命令如再现等操作时,可执行所有的命令,与命令集无关。安川机器人的命令集可分为子集命令集、标准命令集、扩展命令集三种,不同的命令集,其命令个数不一样。

子集命令集:只登录使用频度较高的命令。由于命令数较少,选择及输入操作较简单。

标准命令集、扩展命令集:可登录 INFORM 的所有命令。标准命令集及扩展命令集中各命令可使用的附加项目的个数不同。

标准命令集中以下功能不可使用,但命令登录时会减少该部分的数据数,因此操作变得简单。

① 局部变量、排列变量的使用。

② 附加项目中变量的使用,例:MOVJ VJ＝I000。

（4）命令集的切换操作

命令集的切换在示教条件画面下进行,操作步骤如下:

① 从主菜单中选择【设置】。

② 选择【示教条件设定】,显示示教条件设定画面,如图 3-1 所示。

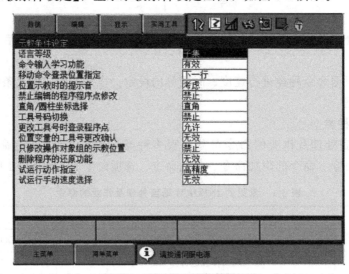

图 3-1　选择【示教条件设定】

③ 选择【语言等级】,显示子集、标准、扩展选择对话框,如图 3-2 所示。

④ 通过示教器上下按键来选择,按下选择键选择想要设定的语言等级（命令集）,语言等级发生变更。

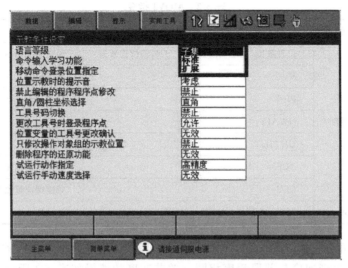

图 3-2 选择【语言等级】

3.1.2 插补指令介绍

(1) 插补方法和再现速度

再现运行机器人时，决定程序点与程序点间以何种轨迹移动的方法叫插补方法。程序点与程序点间的移动速度就是再现速度。通常位置数据、插补方法、再现速度 3 个数据同时被登录到机器人轴的程序点中。示教时，若不进行插补方法、再现速度的设定，则会按照之前的设定自动登录。

机器人的示教过程实际上是记录示教点位置与姿态的过程，而机器人再现时的运行轨迹除了与示教点位置相关外还取决于插补指令的类型。再现速度的快慢则取决于指令速度的大小，与示教时的操作速度无关。

(2) 关节插补

关节插补用于机器人移向目标位置过程中，不受轨迹约束的区间，关节插补运动路径如图 3-3 所示。使用关节插补对机器人轴进行示教时，编程指令为 MOVJ，如表 3-2 所示。从安全角度考虑，一般关节插补指令用于第一步的示教。按下插补方式键后，输入缓冲区的移动命令会被切换。

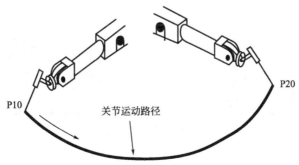

图 3-3 关节插补运动路径

表 3-2 MOVJ 指令

MOVJ	功能	以关节插补方式向示教位置移动	
	添加项目	位置数据、基座轴位置数据、工装轴位置数据	画面中不显示
		VJ=	再现速度:0.01% ～ 100.00 %
		PL=	定位等级:0 ～ 8
		NWAIT	
		UNTIL	
		ACC=	加速度调整比率:20% ～ 100%
		DEC=	减速度调整比率:20% ～ 100%
	示例	MOVJ VJ=50.00 PL=2 NWAIT UNTIL IN#(16)=ON	

以 "MOVJ VJ=100.00" 为例,VJ=100.00 表示再现速度值为最大关节速度的 100%,若设为 0,则表示再现速度与前段程序相同。关节速度的编辑如表 3-3 所示。

表 3-3 关节速度的编辑

步骤	操作方法	操作提示
1	将光标移动到再现速度	0011 MOVJ VJ=100.00 MOVJ VJ=100.00

2	同时按转换键和上下方向键调节关节速度升降	快 100.00
		      50.00
		      25.00
		      12.50
		      6.25
		      3.12
		      1.56
		慢 0.78 (%)

(3)直线插补

用直线轨迹在直线插补示教的程序点中移动。若用直线插补示教机器人轴,移动命令是 MOVL,见表 3-4。直线插补常在焊接作业中使用。如图 3-4 所示,机器人手腕位置自动一边变化一边移动。

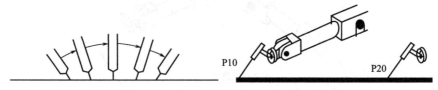

P10   P20

图 3-4 直线插补(腕部姿态改变)

表 3-4　MOVL 指令

MOVL	功能	以直线插补方式向示教位置移动	
	添加项目	位置数据、基座轴位置数据、工装轴位置数据	画面中不显示
		V=	再现速度 :0.1 ~1500.0 mm/ s
		VR=	姿态的再现速度 :1 ~ 9000 cm/ min
		VE=	外部轴的再现速度 :0.01 %~ 100.00 %
		PL=	定位等级 :0 ~ 8
		CR=	转角半径 :1.0 ~ 6553.5mm
		NWAIT	
		UNTIL 语句	
		ACC=	加速度调整比率 :20% ~ 100%
		DEC=	减速度调整比率 :20%~ 100%
	示例	MOVL V=138 PL=0 NWAIT UNTIL IN♯(16)=ON	

　　直线插补再现速度单位有两种：mm/s 和 cm/min，速度单位取决于系统设置，按【设置】→【操作条件设定】的【速度数据输入格式】，可对再现速度单位进行确认和修改，可根据用途进行切换，设置步骤如下：

　　① 点击【设置】，找到【操作条件设定】，如图 3-5 所示。

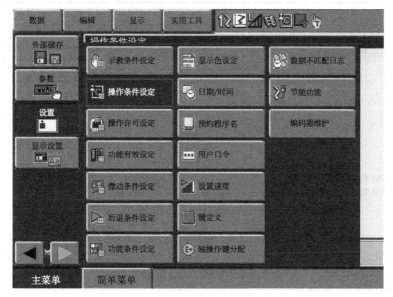

图 3-5　操作条件设定

　　② 找到第一个速度数据输入格式，按示教器选择键即可选择想要的速度单位，如图 3-6所示。

　　以"MOVL V=660"为例，若系统设定的速度单位是 mm/s，则 MOVL V=660 表示

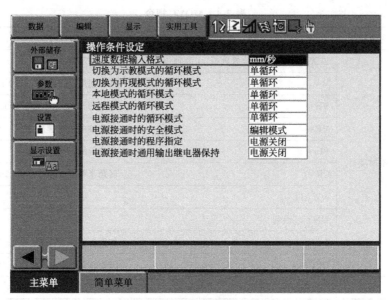

图 3-6　速度单位设定画面

机器人执行该条直线插补指令时的速度是 660mm/s，直线插补再现速度编程方法见表 3-5 所示。

表 3-5　直线插补再现速度编程方法

步骤	操作方法	操作提示
1	光标移动到再现速度	=> MOVL V=660
2	同时按转换键和上下方向键调节再现速度的升降	快 1500.00 / 750.00 / 375.0 / 187.0 / 93.0 / 46.0 / 23.0 / 慢 11 (mm/s)　　快 9000 / 4500 / 2250 / 1122 / 558 / 276 / 138 / 慢 66 (cm/min)

（4）圆弧插补

当机器人走的轨迹不是直线，而是比较规则的圆弧轨迹时，需要用到圆弧插补指令进行示教，机器人会通过圆弧插补示教的三点画一个圆弧，然后在圆弧上移动。用圆弧插补对机器人轴进行示教时，移动命令会变为 MOVC，见表 3-6。

表 3-6　MOVC 指令

MOVC	功能	用圆弧插补形式向示教位置移动	
	添加项目	位置数据、基座轴位置数据、工装轴位置数据	画面中不显示
		V=	再现速度
		VR=	姿态的再现速度
		VE=	外部轴的再现速度
		PL=	定位等级：0 ～ 8
		NWAIT	
		ACC=	加速度调整比率：20% ～ 100%
		DEC=	减速度调整比率：20% ～ 100%
	示例	MOVC V=138 PL=0 NWAIT	

① 单个圆弧　在表 3-6 中，当圆弧只有一个时，用圆弧插补示教 P1～P3 的 3 个点。若用关节插补或直线插补示教进入圆弧前的 P0，则 P0、P1 的轨迹自动成为直线，各点对应的插补方法和编程命令如表 3-7 所示。

表 3-7　单个圆弧轨迹对应指令

图示	点	插补方法	命令
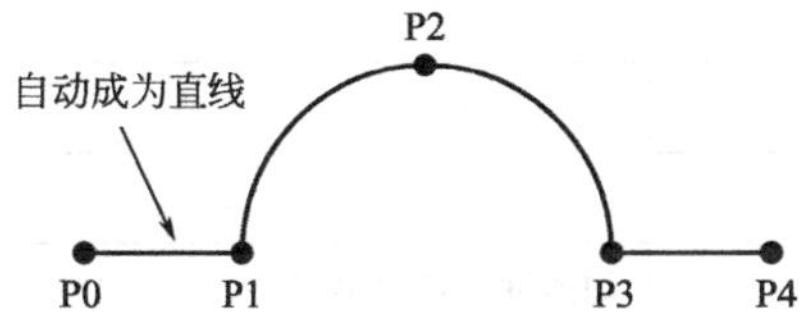	P0	关节及直线	MOVJ MOVL
	P1～P3	圆弧	MOVC
	P4	关节及直线	MOVJ MOVL

② 连续圆弧　在表 3-8 中，有两个以上曲率不同的圆弧相连时，由于各圆弧必须分离开来，所以请在前后两个圆弧的连接点处加入连杆或直线插补步骤，各点对应的插补方法和编程命令如表 3-8 所示。

表 3-8　连续圆弧轨迹对应指令（一）

图示	点	插补方法	命令
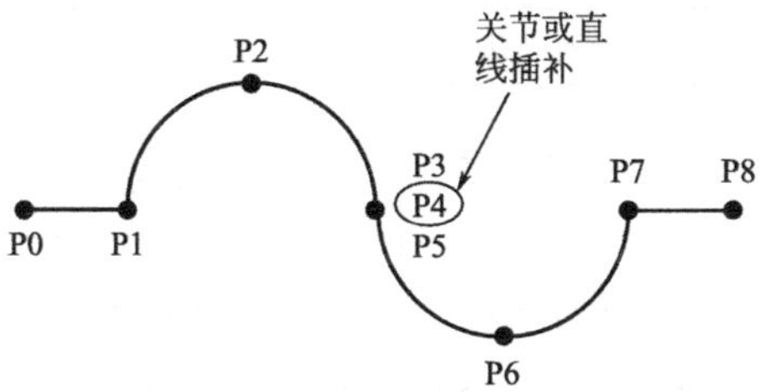	P0	关节或直线	MOVJ MOVL
	P1～P3	圆弧	MOVC
	P4	关节或直线	MOVJ MOVL
	P5～P7	圆弧	MOVC
	P8	关节或直线	MOVJ MOVL

也可在想要变换曲率的步骤处标上"FPT"记号，这样即使不在连接点上加入相关点，也可使其继续运动，对应点和编程指令如表 3-9 所示。

表 3-9　连续圆弧轨迹对应指令（二）

图示	点	插补方法	命令
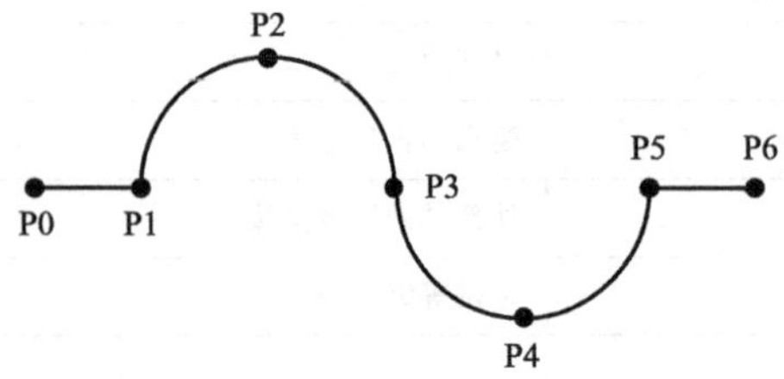	P0	关节或直线	MOVJ MOVL
	P1～P3	圆弧	MOVC
	P4	关节或直线	MOVJ MOVL
	P5～P7	圆弧	MOVC
	P8	关节或直线	MOVJ MOVL

（5）自由曲线插补

在进行焊接、切割、上底漆时，若使用自由曲线插补，更易于对具有不规则曲线的工件进行示教。轨迹为经过 3 点的抛物线。用自由曲线插补对机器人轴进行示教时，移动命令会变为 MOVS，见表 3-10。

表 3-10　MOVS 指令

MOVS	功能	以自由曲线插补形式向示教位置移动	
	添加项目	位置数据、基座轴位置数据、工装轴位置数据	画面不显示
		V= VR= VE=	与 MOVL 相同
		PL=	定位等级：0 ～ 8
		NWAIT	
		ACC=	加速度调整比率：20% ～ 100%
		DEC=	减速度调整比率：20% ～ 100%
	使用例子	MOVS V＝120 PL＝0	

① 单条自由曲线　在表 3-11 中，用自由曲线插补示教 P1～P3 的 3 个点。若用关节插补或直线插补示教进入自由曲线前的 P0 点，那么，P0、P1 的轨迹自动成为直线，各点对应的插补方法和编程命令如表 3-11 所示。

表 3-11　单个自由曲线轨迹对应指令

图示	点	插补方法	命令
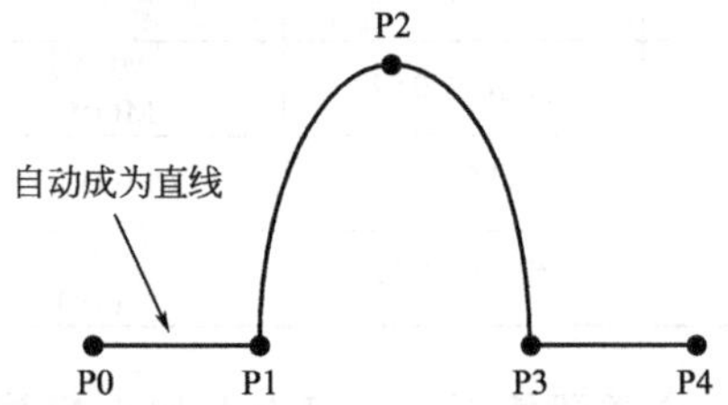	P0	关节及直线	MOVJ MOVL
	P1～P3	自由曲线	MOVS
	P4	关节及直线	MOVJ MOVL

② 连续自由曲线　通过合成相互重叠的抛物线来制作轨迹，与圆弧插补不同，2 个自由曲线的连接处不能是同一点或不能有 FTP 附加项。在表 3-12 中，用自由曲线插补示教 P1～P5 的 5 个点，其中 P1～P3 构成的自由曲线和 P3～P5 构成的圆弧曲线不需要重复示教 P3 点，只需共用 P3 点即可，各点对应的插补方法和编程命令如表 3-12 所示。

表 3-12　连续自由曲线轨迹对应指令

图示	点	插补方法	命令
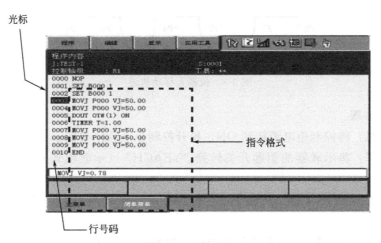	P0	关节及直线	MOVJ MOVL
	P1～P5	自由曲线	MOVS
	P6	关节及直线	MOVJ MOVL

3.1.3　示教画面

学习完安川工业机器人各插补指令，需要将指令用于编程中，在进行操作编程前，先要了解编程画面。安川工业机器人示教的程序内容在示教画面中进行，程序内容画面如图 3-7 所示。

图 3-7　示教画面

① 行号码　显示程序行的号码，它会自动显示。添加或删除行时，行的号码自动被改写。

② 光标　用于命令编辑的光标。用选择键可进行命令的编辑。另外，还可用添加键、修改键、删除键进行命令的添加、更改和删除。

③ 指令格式　表示的命令、附加项目和注释等。

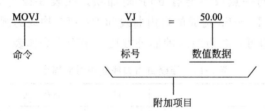

其中命令就是用来执行处理、作业等的相关指示。作为移动命令时，对位置进行示教后，会自动显示和插补方法相对应的命令。附加项目主要是根据命令种类来设定速度、时间等。在项目设定标记中，根据需要，添加数值数据、文字数据等。不同的指令，附加项目内容和数据内容都不一样，具体要参考指令的参数介绍。

3.1.4　插补指令示教操作

根据前面的学习，本节以机器人移动轨迹为例，通过新建程序、示教程序点、插入插补指令、设置移动速度完成机器人程序编写操作。

（1）操作任务

通过所学四种插补指令，根据图 3-8 所示的机器人移动轨迹，在示教模式下进行编程，完成机器人轨迹移动程序编写。机器人先通过关节插补移动到 P0 点，再通过直线插补从 P0 移动到 P1、圆弧插补从 P1 移动到 P3、直线插补从 P3 移动到 P4、自由曲线插补从 P4 移动到 P6，最后用直线插补从 P6 移动到 P7，机器人移动轨迹结束。

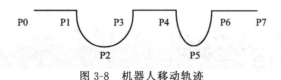

图 3-8　机器人移动轨迹

（2）操作步骤

① 正常开机：将控制柜电源转到 ON，松开控制柜上急停按钮。

② 模式选择：将示教器的钥匙开关转到"TEACH"（示教模式），松开示教器上急停按钮。

③ 选择主菜单中的【程序内容】，显示主菜单【程序内容】中的子菜单，如图 3-9 所示。

④ 选择【新建程序】，显示新建程序画面，如图 3-10 所示。

⑤ 输入程序名称：光标与程序名称对齐，按示教器【选择】键，用文字输入程序名称。程序名称最多可输入半角 32 个字（全角 16 个字），可使用的文字包括数字、英文字母、符号、片假名、平假名、汉字。程序名称可混合使用这些文字符号，如 001、程序-1、作业-A 等。若输入的程序名称已被使用，则变成输入错误。

图 3-9 选择【程序内容】

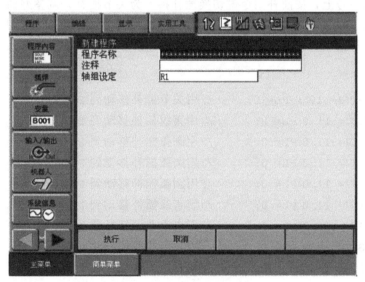

图 3-10 选择【新建程序】

说明 控制组可事先从登录的控制组中选择。若系统没有外部轴（基座轴、工装轴）或者多台机器人时，控制组就无需设定。

⑥ 按回车键，完成程序新建。输入的程序名称被登录后，显示空程序内容画面。NOP 与 NED 命令自动登录，如图 3-11 所示。

⑦ 根据任务要求插入插补指令，完成程序编写。例如，要完成 P0 点示教，先将机器人姿态调整到想要的姿态，切换机器人坐标系为直角坐标系后将机器人移动到 P0 点，将示教

图 3-11　程序内容画面

画面光标移动到序号上，按插补指令键切换插补指令为关节插补，调整好插补指令速度，按【插入】，【插入】指示灯常亮，再按回车键即可完成 P0 点关节插补指令，其他点示教跟 P0 点一样，只是插补指令不一样，示教完后的程序如下：

```
0000 NOP
0001 MOVJ VJ= 10.0 PL= 0;      //用关节插补移动到 P0
0002 MOVL V= 11.0 PL= 0;       //用直线插补移动到 P1
0003 MOVC V= 11.0 PL= 0;       //用圆弧插补移动到 P1
0004 MOVC V= 11.0 PL= 0;       //用圆弧插补移动到 P2
0005 MOVC V= 11.0 PL= 0;       //用圆弧插补移动到 P3
0006 MOVL V= 11.0 PL= 0;       //用直线插补移动到 P4
0007 MOVS V= 11.0 PL= 0;       //用自由曲线插补移动到 P4
0008 MOVS V= 11.0 PL= 0;       //用自由曲线插补移动到 P5
0009 MOVS V= 11.0 PL= 0;       //用自由曲线插补移动到 P6
0010 MOVL V= 11.0 PL= 0;       //用直线插补移动到 P7
0011 END
```

注意　插补指令的速度根据自己需要进行设置，刚开始接触工业机器人建议不要设置太高，可参考示例程序设置。

在插入工业机器人插补指令之前，需要按下示教编程器的【伺服准备】按钮，点动按下即可，按下后【伺服接通】LED 灯会闪烁。然后握住示教编程器的使能开关，示教编程器的【伺服接通】LED 灯就会亮起，只有接通了伺服才可以插入插补指令。

3.2

程序的运行方式

程序编写完需要对程序进行试运行验证，安川机器人程序的运行方式有三种模式：示教模式、再现模式、远程模式。其中示教模式和再现模式都需要操作示教器来完成，而远程模式可以通过外部信号，如 PLC、传感器等信号来触发程序执行。这里先介绍安川机器人的示教模式和再现模式的程序运行。

3.2.1 示教模式的程序运行

扫码看：示教模式的程序运行

程序编写完成后我们可在安川工业机器人的示教模式下进行程序的试运行，以便于判断机器人的移动轨迹和程序示教点是否相符。示教模式的程序试运行有两种方式：联锁键+前进键组合和联锁键+试运行键组合，这两种程序手动运行步骤如下。

（1）联锁键+前进键组合操作步骤

① 将示教器上的钥匙开关转到"TEACH"（示教模式），如图 3-12 所示。

② 在确保控制柜和示教器上的急停按钮没有被按下的情况下接通伺服操作。按下示教编程器的伺服准备按钮，点动按下即可，按下后伺服接通 LED 灯会闪烁，然后握住示教编程器的使能开关，示教编程器的伺服接通 LED 灯就会亮起，听到"咔嚓"一声伺服开启成功。

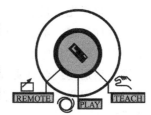

图 3-12　示教模式

③ 调节机器人手动运行速度。通过示教器高低按键来调节机器人联锁键+前进键模式程序运行速度，如图 3-13 所示。程序运行速度在示教器显示画面右上角的状态栏有图标表示，如图 3-14 所示，一格信号表示低速，三格信号表示高速。为了保证机器人和操作人员的安全，初次运行机器人程序建议调到低速，验证程序没问题后可适当调高速度。

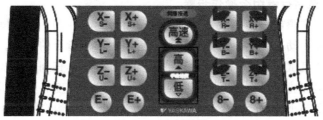

图 3-13　高低按键

④ 在手动运行程序之前，打开机器人需要运行的程序，通过示教器上下左右按键将光标移动到序号为 0000 的第一条空指令处，以便程序从第一条指令处开始执行，如图 3-15 所示。

⑤ 手动试运行程序。左手按住联锁键不放，右手按住前进键，此时机器人执行光标指

图 3-14　速度状态栏图标

: 微动		
: 低速		
M : 中速		
H : 高速		

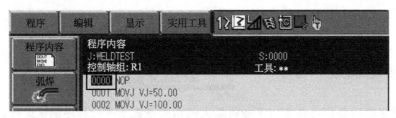

图 3-15　光标移动到第一行

定的行程序，执行完光标自动移动到下一行程序，这时可松开前进键，再一次按下前进键，机器人执行光标指定的行程序。如此往复，每按一下程序执行一行，该行程序没有执行完不可松开前进键，不然该行程序还没执行完就中断了，需等到该行程序执行完才可松开前进键，在该模式程序运行过程中，联锁键需一直被按下，不可松开，直到整个程序执行完。联锁键＋后退键组合可实现程序倒序运行，光标执行完当前行程序后向上跳转，继续执行上一条指令，跟联锁键＋前进键组合程序执行顺序刚好相反，联锁键＋前进键组合如图 3-16所示。

图 3-16　联锁键＋前进键

（2）联锁键＋试运行键组合操作步骤

该按键组合操作步骤前三步跟联锁键＋前进键组合的①、②、④的操作步骤一样，且该模式组合不需要设置手动速度，只需设置机器人程序中移动指令的速度。设置完速度后按住联锁键＋试运行键即可试运行程序。试运行键需要一直按下，直到程序执行完。程序的运行速度跟示教画面的图标速度没有关系，只跟插补指令的设置速度有关，所以在初次试运行程序时尽量将程序速度调小，以免发生意外。联锁键＋试运行键组合如图 3-17 所示。

图 3-17　联锁键＋试运行键

两种模式中，联锁键＋前进键组合中每次按下前进键只执行一条指令，要想执行整个程序，需要重复按住前进键，而联锁键＋试运行键组合中只需一直按住组合按键，程序将按照顺序一条一条指令执行。前者模式中机器人的运行速度只跟手动设置的速度相关，跟插补指令设置的速度无关，而后者模式中机器人的运行速度只跟插补指令设置的速度相关，跟手动设置的速度无关。

3.2.2 再现模式的程序运行

示教模式的程序运行适合测试机器人移动轨迹，可以一个点一个点测试，在测试完后往往需要让机器人自动运行程序，方便投入使用。这时需要在再现模式下自动运行机器人程序，再现模式的程序运行步骤如下：

（1）设置安全模式

在 DX200 的安全模式中，默认是操作模式，这种模式权限最低，只允许操作人员进行基本的操作，如机器人的手动操作和生产线异常时的恢复作业，但不能设置主程序。安川机器人的再现模式程序运行需要设定好主程序，所以首先需要将安川工业机器人的安全模式设置为编辑模式或管理模式，设置步骤如下：

① 选择主菜单中的【系统信息】，显示子菜单，如图 3-18 所示。

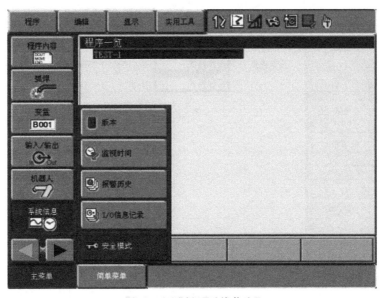

图 3-18　选择【系统信息】

② 选择【安全模式】，显示主菜单中的安全模式，如图 3-19 所示。

③ 从【操作模式】【编辑模式】【管理模式】中选择需要的模式，这里我们选择【编辑模式】，如图 3-20 所示。

④ 若选择的安全模式等级高于当前设定的安全模式时，显示密码输入状态，如图 3-21 所示。安川工业机器人出厂时设定的密码：编辑模式为「00000000」，管理模式为

图 3-19　选择【安全模式】

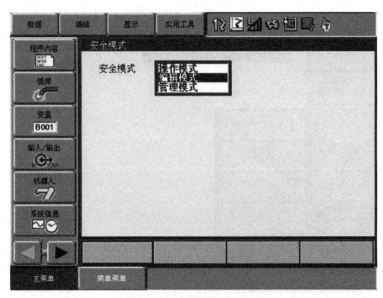

图 3-20　选择【编辑模式】

「99999999」，输入相应密码即可。输入完按回车，若输入密码正确，则安全模式变更。

（2）设定主程序

　　某个示教完的程序需要多次再现时，为了方便，可事先将其作为主程序进行登录（主程序登录）。一般只用一个程序作为主程序登录。登录完成后，之前登录的主程序会被自动解除。

图 3-21　输入密码

在示教模式下设定主程序，设定步骤如下：

① 选择主菜单中的【程序】。

② 选择【主程序】，显示主程序画面，如图 3-22 所示。

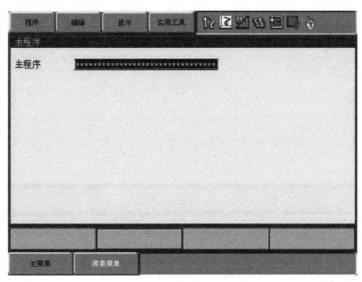

图 3-22　选择【主程序】

③ 按下示教器选择键，显示选择窗口，如图 3-23 所示。

④ 选择【主程序】登录，显示程序一览画面，如图 3-24 所示。

⑤ 选择要作为主程序的程序，选择的程序作为主程序登录，如图 3-25 所示。

（3）调到再现模式

将示教器上的钥匙开关转到 PLAY 再现模式，如图 3-26 所示。

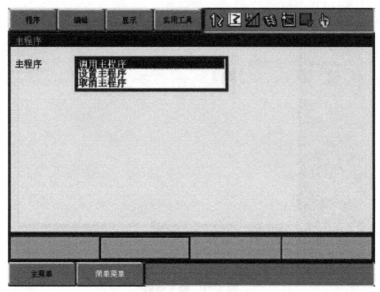

图 3-23　选择窗口

图 3-24　程序一览画面

（4）接通伺服操作

在确保控制柜和示教器上的急停按钮没有被按下的情况下接通伺服操作。按下示教编程器的伺服准备按钮，点动按下即可，按下后伺服接通 LED 灯会亮起，听到"咔嚓"一声伺服开启成功。这里要注意的是再现模式和示教模式接通伺服的操作是不一样的，示教模式还需一直按住伺服的使能开关，而再现模式只需点动按下伺服准备按钮即可，不需要按下伺服的使能开关，伺服电源就接通，且一直保持接通状态。

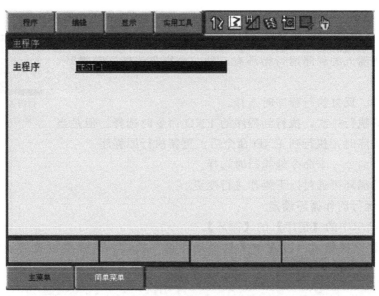

图 3-25　主程序登录

图 3-26　再现模式

（5）启动程序

　　再现模式的程序运行有开始和暂停控制，程序的开始和暂停控制由示教器上面的 START、HOLD 按钮来控制，如图 3-27 所示。点动按下 START 按钮，机器人运行主程序，程序从光标处开始执行，直到运行到程序的最后一行。在程序的执行过程中按下 HOLD 按钮，程序立即停止，机器人保留当前位置暂停运行，直到重新按下 START 按钮，机器人从当前位置继续运行，程序从暂停位置接着执行。

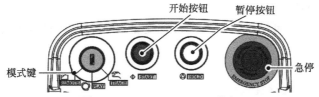

图 3-27　START、HOLD 按钮

> **注意**　再现模式的程序运行中机器人的运动速度只跟插补指令设定速度相关，跟示教器手动设置的速度无关。

3.2.3 程序运行的三种循环设置

安川工业机器人的程序运行循环有三种，分别是连续、单循环、单步。

连续：连续、反复执行程序时选择。

单循环：只执行一次，执行到程序的 END 命令时选择。但是当程序为被调用程序时，执行到 END 命令后，重新执行原程序。

单步：一个命令一个命令地执行时选择。

这三种动作循环可通过以下操作进行变更。

（1）程序运行动作循环设定

① 选择主菜单中的【程序】的【循环】。

② 按示教器选择键，通过▲▼来选择动作循环模式，选择要设置的动作循环，如图 3-28 所示。

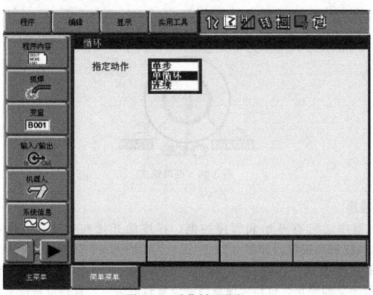

图 3-28　动作循环设定

（2）动作循环的自动设定

动作循环的自动设定可用模式切换键设定变更运行模式时的动作循环，在管理模式下操作。

① 将机器人设置成管理模式。

② 选择主菜单上的【设置】。

③ 选择【操作条件设定】，显示操作条件设定画面，如图 3-29 所示，用光标滚动画面。

④ 选择操作，显示选择对话框，如图 3-30 所示。当设定了【无】时，动作循环不能变更。例如：【切换为再现模式的循环模式】时，即使切换到再现模式，动作循环仍按照切换前的形式进行。

⑤ 选择动作模式，设定模式切换时的动作循环。

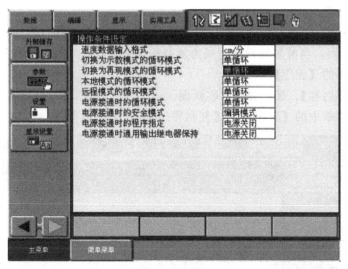

图 3-29 循环模式设定画面（一）

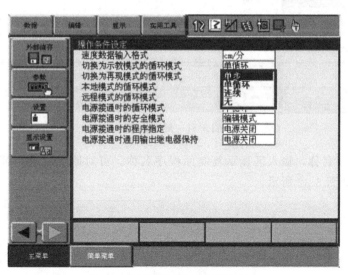

图 3-30 循环模式设定画面（二）

3.3
示教程序的管理

扫码看：示教程序的管理

3.3.1 程序的复制、删除和重命名

机器人在不运动的情况下也可进行编辑，程序复制、程序删除、程序名称的更改只能在

示教模式进行。除此之外的其他操作，无论何种模式均可进行。

（1）程序的复制

复制已登录的程序，生成新的程序。该操作可在程序内容画面或程序一览画面进行。

在程序内容画面，当前的编辑程序成为复制程序的原程序，操作步骤如下：

① 选择主菜单的【程序】。

② 选择【程序内容】，显示程序内容画面。

③ 选择下拉菜单中的【程序】→【复制程序】，如图 3-31 所示。

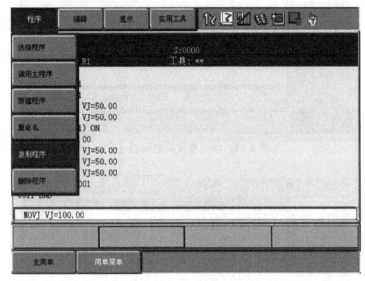

图 3-31 复制程序

④ 输入新程序名称，输入区显示复制原程序名称。可对原程序进行部分修改，以新的程序名称输入，如图 3-32 所示。

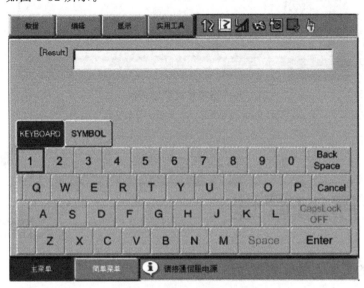

图 3-32 输入新程序名称

⑤ 按回车键，显示确认对话框，若选择"是"，程序被复制，出现新程序显示。若选择
"不"，程序不执行复制，结束，如图 3-33 所示。

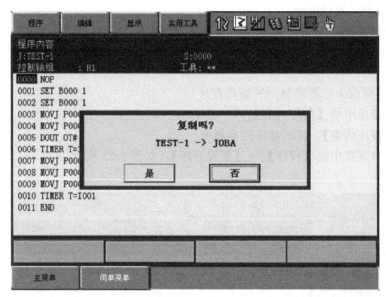

图 3-33　确认对话框

在程序一览画面中，从已登录的程序中选择复制原程序，指定先进行复制的程序。

① 选择主菜单中的【程序内容】→【选择程序】，显示程序一览画面，如图 3-34 所示。

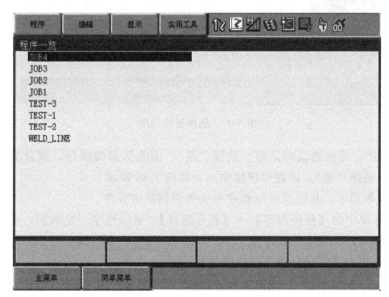

图 3-34　程序一览画面

② 移动光标到目标复制原程序处。

③ 选择下拉菜单中的【程序】→【复制原程序】。

④ 输入新程序名称。输入区显示复制原程序的名称，可进行部分修改后输入新的程序

名称。

⑤ 按下回车键，显示确认对话框，选择"是"，则复制程序，显示新程序；选择"否"，则不进行程序复制，处理结束。

（2）程序的删除

从 DX200 的内存中删除已登录的程序，此操作可在程序内容画面或程序一览画面下进行。

在程序内容画面下，删除显示的编辑程序。

① 选择主菜单中的【程序内容】。

② 选择【程序内容】，显示程序内容画面。

③ 选择下拉菜单中的【程序】→【删除程序】，如图 3-35 所示。

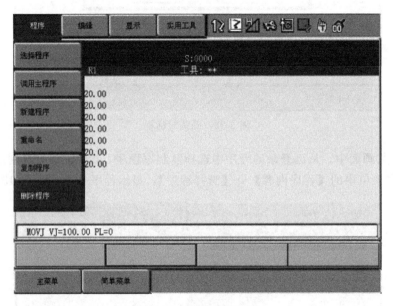

图 3-35 选择删除程序

④ 按下"是"，显示确认对话框。选择"是"，则删除编辑程序，删除完成后，会显示程序一览画面；选择"否"，则程序删除中止，如图 3-36 所示。

在程序一览画面下，从已登录的程序中选择要删除的程序。

① 选择主菜单中的【程序内容】→【程序选择】，显示程序一览画面，如图 3-37 所示。

② 移动光标到目标删除的程序处。

③ 选择菜单中的【程序】→【程序删除】。

④ 按下"是"，显示确认对话框。选择"是"，则删除所选程序，删除完成后，会显示程序一览画面；选择"否"，或是按下【清除】，则程序删除中止，返回程序一览画面。

可通过菜单中的【编辑】→【全选】来选择所有程序。

（3）程序重命名

此操作在程序内容画面或程序一览画面中进行。

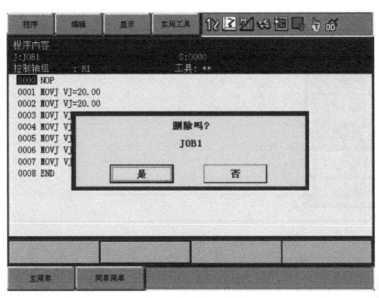

图 3-36　删除对话框

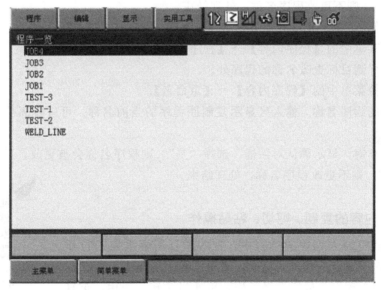

图 3-37　程序选择

程序内容画面的操作如下：

① 选择主菜单中的【程序内容】。

② 选择【程序内容】，显示程序内容画面。

③ 选择下拉菜单中的【程序】→【重命名】，如图 3-38 所示。

④ 输入新程序名称。输入区显示复制原程序的当前名称，可进行部分修改后输入新的程序名称。

⑤ 按下回车键，显示确认对话框。选择"是"，则程序名称被更改，显示新的程序名

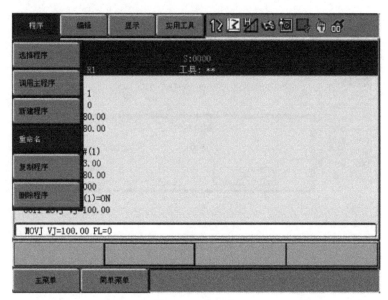

图 3-38 重命名

称；选择" 否"，则不更改程序名称，处理结束。

在程序一览画面的操作步骤如下：

① 选择主菜单中的【程序内容】→【程序选择】，显示程序一览画面。

② 移动光标到目标更改名称的程序处。

③ 选择下拉菜单中的【程序内容】→【重命名】。

④ 输入新的程序名称。输入区显示复制原程序的当前名称。可进行部分修改后输入新的程序名称。

⑤ 按下回车键，显示确认对话框。选择"是"，则程序名称会被更改，显示新的程序名称；选择"否"，则不更改程序名称，处理结束。

3.3.2 程序内容的复制、剪切、粘贴操作

在编写工业机器人程序的过程中，有些项目需要重复进行作业，工业机器人需要走一些重复轨迹。编写机器人的程序也会存在重复性，为了减少操作人员的重复工作，可通过跳转、调用、重复指令来实现程序内容，这里我们介绍程序内容的复制、剪切、粘贴等操作，后面章节内容再介绍跳转、调用等操作。

扫码看：程序的复制、剪切、粘贴

编写程序指令可对程序内容进行复制、剪切、粘贴等操作。

（1）程序内容的复制操作

① 打开要操作的程序内容。

② 通过示教器的上下左右按键将光标移动到需要复制的程序指令上。

③ 按住示教器【转换】按键，按下【选择】按键选择当前行，当前行被选中，如图 3-39 所示。

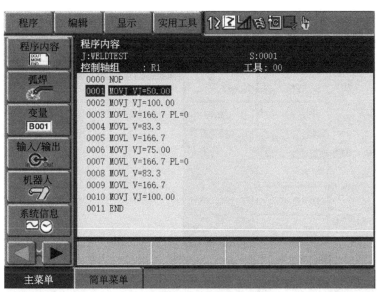

图 3-39 选择当前行

④ 通过示教器上下按键移动光标，选择想要复制的程序行指令，如图 3-40 所示。

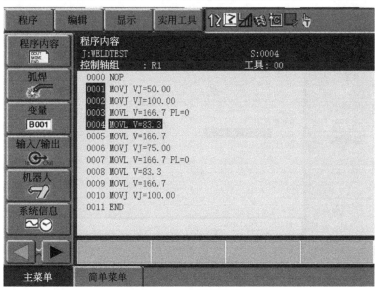

图 3-40 选择程序段

⑤ 点击显示画面菜单【编辑】选项，点击【复制】，完成选择程序段的复制操作，如图 3-41 所示。

（2）程序内容的粘贴操作

① 将光标移动到想要插入的指令位置，是移动到指令上，而不是移动到指令前面的序列号上，如图 3-42 所示。

② 点击显示画面菜单【编辑】选项，点击【粘贴】，完成选择程序段的粘贴操作，如图 3-43 所示。

图 3-41　复制程序段

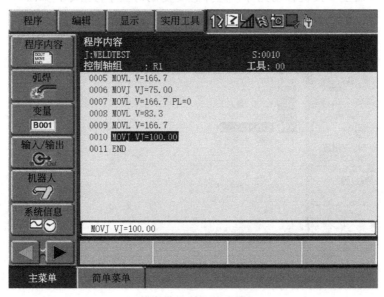

图 3-42　移动光标到指令

　　③ 这时示教器显示对话框问是否粘贴，如图 3-44 所示，选择是则粘贴，选择否则取消粘贴。

　　④ 这里选择是完成程序段的粘贴操作，程序会粘贴在选择当前程序指令的下方，如图 3-45 所示。粘贴后的程序不仅仅只是几条指令，其中插补指令位置、指令参数、指令背景数据都跟前面复制的程序段一样。当机器人运行复制后的程序段时，跟前面复制前的程序一样。

图 3-43 粘贴操作

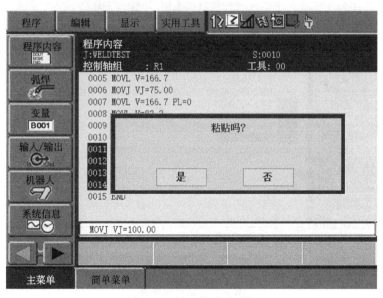

图 3-44 是否粘贴对话框

（3）程序内容的剪切操作

当程序指令插入位置错误，不想删除程序指令，重新示教插入时，可以通过移动程序指令位置来完成想要的操作，程序内容的剪切操作步骤如下：

① 通过示教器上下左右按键将光标移动到需要剪切的第一条程序指令上。

② 按住示教器【转换】按键，按下【选择】按键选择当前行，当前行被选中。

③ 通过示教器上下按键移动光标，选择想要剪切的程序行指令，如图 3-46 所示。

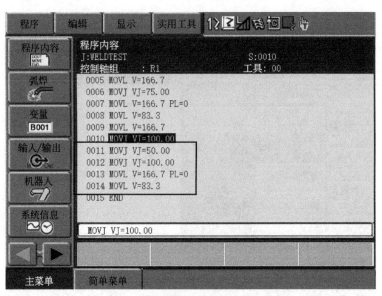

图 3-45　程序粘贴结果

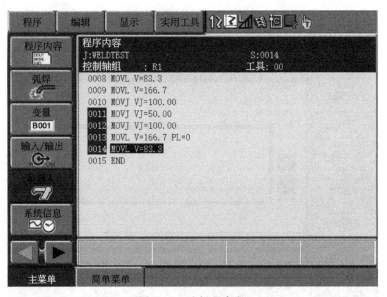

图 3-46　选择程序段

④ 点击显示画面菜单【编辑】选项，点击【复制】，完成选择程序段的复制操作，如图3-47 所示。

⑤ 这时示教器显示对话框问是否删除，如图 3-48 所示，选择是则剪切完成，选择否则取消剪切。

完成程序段剪切后即可在自己想要的程序位置插入该剪切程序内容，插入方法和程序内容的粘贴一样，这里不再赘述。

图 3-47　剪切操作

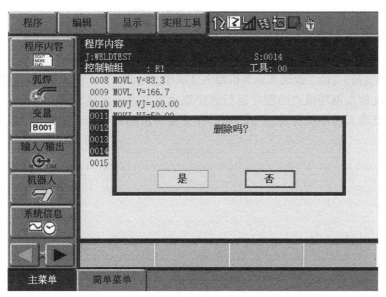

图 3-48　是否粘贴对话框

思考与练习

1. 填空题

（1）再现运行机器人时，决定程序点与程序点间以何种轨迹移动的方法叫＿＿＿＿＿＿＿，
　　程序点与程序点间的移动速度就是＿＿＿＿＿＿＿速度。

（2）安川工业机器人的程序运行循环有三种，分别是＿＿＿＿＿＿＿＿、＿＿＿＿＿＿＿＿、
＿＿＿＿＿＿＿＿。

（3）当机器人到达离目标作业位置较近位置时，尽量采用＿＿＿＿＿＿操作模式完成精确
定位。

2. 单项选择题

（1）安川工业机器人的插补方式有（　　　）。

①关节插补　②直线插补　③圆弧插补　④自由曲线插补

A.①②　　　　　B.①②③　　　　　C.①③　　　　　D.①②③④

（2）示教器显示屏多为彩色触摸显示屏，能够显示图像、数字、字母和符号，并提供一系列
图标来定义屏幕上的各种功能，可将屏幕显示区划分为（　　　）。

①菜单显示区　②通用显示区　③人机对话显示区　④状态显示区

A.①②　　　　　B.①②③　　　　　C.①③　　　　　D.①②③④

（3）安川机器人程序的运行方式有三种模式，分别是（　　　）。

①示教模式　②再现模式　③I/O 模式　④远程模式

A.①③　　　　　B.②③　　　　　C.①②④　　　　　D.①②③④

（4）安川工业机器人的编程语言是（　　　）。

A. RAPID 语言　　　　　　　　B. KAREL 语言

C. INFORM III 语言　　　　　　D. KRL 语言

3. 判断题

（1）通过示教器［高］［低］按键来调节机器人［联锁］+［试运行］模式程序运行速度。（　　　）

（2）安川工业机器人再现模式的程序运行速度跟示教器显示的速度图标一致。（　　　）

（3）安川工业机器人程序执行过程中的移动速度完全由插补指令设置速度决定。（　　　）

第 4 章

安川工业机器人的参数设定

学习目标

知识目标

◎ 1. 掌握安川工业机器人干涉区的设定方法。
◎ 2. 理解工具坐标系的定义。
◎ 3. 掌握工具坐标系的使用。
◎ 4. 了解工具坐标系和用户坐标系的用途。

能力目标

◎ 1. 能根据需求设置机器人的干涉区。
◎ 2. 会设定用户坐标系和工具坐标系。
◎ 3. 能手动操作用户坐标系和工具坐标系。
◎ 4. 会使用工具重量和重心自动检测功能。

　　工业机器人都有自己的出厂参数，用来满足自身的基本需求。但当机器人用于一定的场合时，如工业机器人的运行空间、工业机器人与周边设备防止碰撞、不同的作业要求需要安装不同的工具、不同的用户需要不同的坐标系来满足要求，为满足任务需求，我们需要对机器人这些参数进行设置。

　　本章主要介绍安川工业机器人的干涉区设置、工具坐标系的设置、用户坐标系的设置等。

扫码看：干涉区的设置

4.1

干涉区的设置

所谓干涉区，是指防止几个机器人之间、机器人与周边设备之间干涉的功能。干涉区最多可设定 64 个，其使用方法主要有两种：立方体干涉区、轴干涉区。

4.1.1 立方体干涉区

立方体干涉区是与基座坐标、机器人坐标、用户坐标中任一坐标轴平行的立方体。DX200 会判断机器人的控制点是在干涉区内还是干涉区外，并把判断情况以信号方式输出。立方体干涉区作为基座坐标系或用户坐标系的平行的区域设定，如图 4-1 所示。

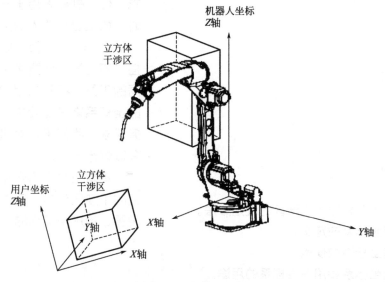

图 4-1　立方体干涉区

（1）立方体干涉区的设定方法

立方体干涉区的设定方法有以下 3 种：

① 输入立方体坐标的最大值和最小值，如图 4-2 所示。

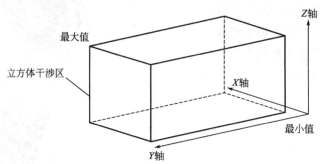

图 4-2　输入立方体坐标的最大值和最小值

② 通过轴操作将机器人移动到立方体坐标的最大值、最小值的位置，如图 4-3 所示。

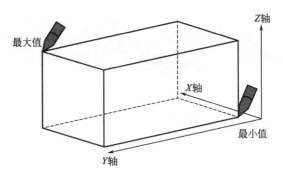

图 4-3　通过轴操作设定

③ 输入立方体三条边的长度后，通过轴操作将机器人移动到中心点，如图 4-4 所示。

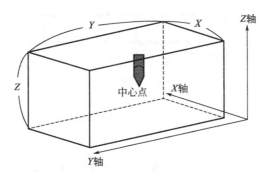

图 4-4　移动到中心点

（2）干涉区的选择

① 选择主菜单中的【机器人】，如图 4-5 所示。

图 4-5　选择【机器人】

② 选择【干涉区】，显示干涉区画面，如图 4-6 所示。

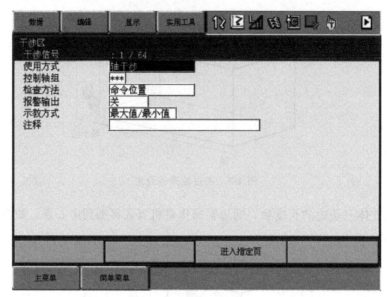

图 4-6　干涉区画面

③ 设定目标干涉信号，按下翻页键或输入数值切换到目标干涉信号。输入数值时，选择【进入指定页】，输入目标信号序号并按下回车键，如图 4-7 所示。

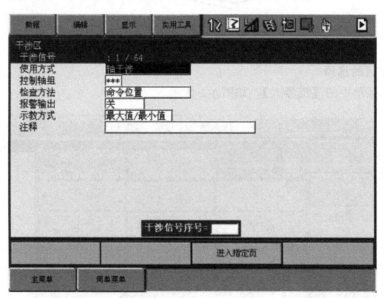

图 4-7　设定目标干涉信号

④ 选择【使用方式】，每次按下选择键，【轴干涉】和【立方体干涉】会交替切换。设定【立方体干涉】，如图 4-8 所示。

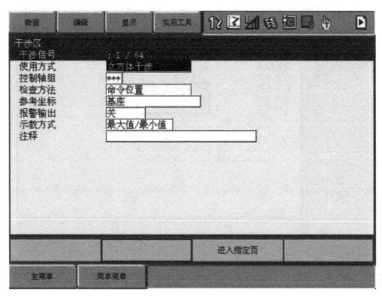

图 4-8　设定【立方体干涉】

⑤ 选择【控制轴组】，显示选择对话框，选择想要的控制轴组，如图 4-9 所示。

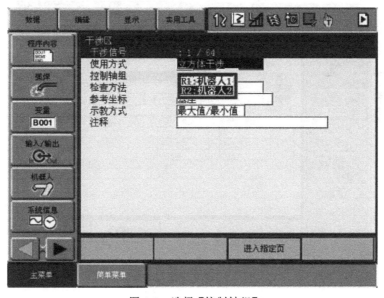

图 4-9　选择【控制轴组】

⑥ 选择【参考坐标】，显示选择对话框，如图 4-10 所示。选择想要的坐标系，如选择用户坐标，则进入数值输入状态，输入用户号，按回车键。

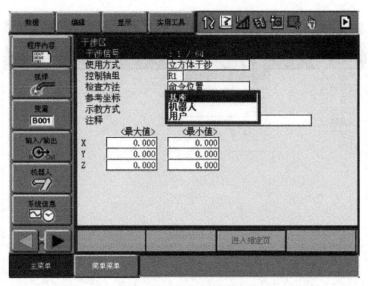

图 4-10　选择【参考坐标】

⑦ 选择【检查方法】，每按一次选择键，【命令位置】与【反馈位置】交替切换，如图 4-11 所示。

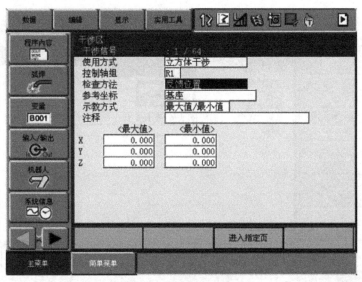

图 4-11　选择【检查方法】

> **注意**　由干涉信号使机器人停止时（机器人间的相互干涉使用立方体干涉信号），请在"检查方法"中设定"命令位置"。若设定为"反馈位置"，机器人发生干涉时，进入干涉后，减速停止。
>
> 　如果能够知道机器人在外部的实际位置，设定"反馈位置"可以输出更准确的同步信号。

（3）干涉区的设置

① 输入立体坐标的最大值和最小值

a.选择【示教方式】，按一次选择键，【最大值/最小值】与【中心位置】交替切换，选择【最大值/最小值】，如图 4-12 所示。

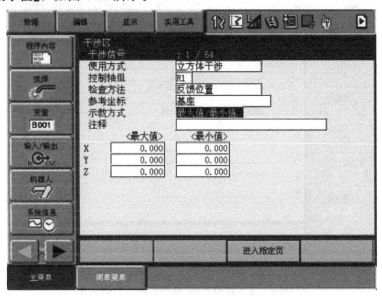

图 4-12　选择【最大值/最小值】

b.输入要设定的"最大值""最小值"的数值，按回车键，立方体干涉区设定完成，如图 4-13 所示。

图 4-13　输入最大值和最小值

② 用轴操作把机器人移动到立方体的最大值/最小值的位置

　　a. 选择【示教方式】，按一次选择键，【最大值/最小值】与【中心位置】交替切换，选择【最大值/最小值】，如图 4-12 所示。

　　b. 按修改键，显示【示教最大值/最小值位置】的信息，如图 4-14 所示。

图 4-14　【示教最大值/最小值位置】的信息

　　c. 光标移到＜最大值＞或＜最小值＞，要修改最大值时，将光标移到＜最大值＞，要修改最小值时，将光标移到＜最小值＞。此时光标只能在＜最大值＞、＜最小值＞之间移动。按清除键，光标可自由移动。

　　d. 用轴操作键把机器人移到立方体的最大值或最小值位置。

　　e. 按回车键，立方体干涉区设定完成，如图 4-15 所示。

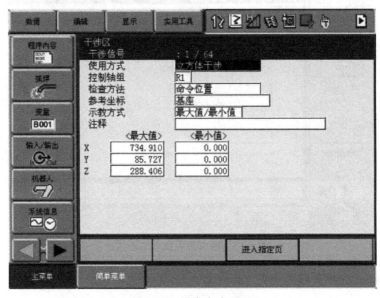

图 4-15　设定完成画面

③ 输入立方体的三边长后，用轴操作把机器人移动到中心位置

a. 选择【示教方式】，每按一次选择键，【最大值/最小值】与【中心位置】交替切换，选择【中心位置】，如图 4-16 所示。

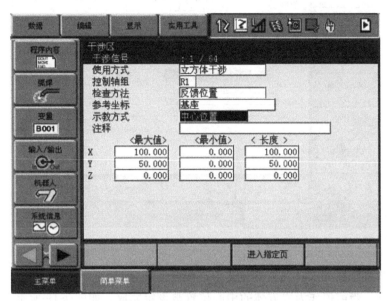

图 4-16　选择【中心位置】

b. 输入立方体的边长，按回车键，设定轴长，如图 4-17 所示。

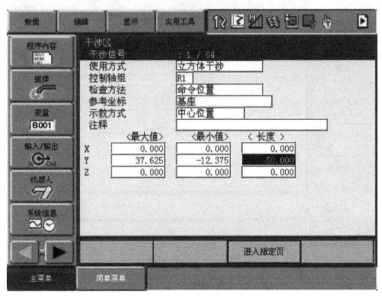

图 4-17　输入立方体的边长

c. 按修改键，显示【移到中心点并示教】的信息。此时，光标只能在＜最大值＞ 或 ＜最小值＞之间移动。按清除键后，光标可自由移动，如图 4-18 所示。

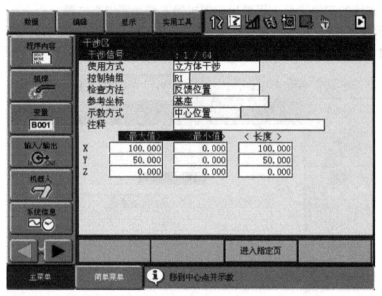

图 4-18　显示【移到中心点并示教】信息

d. 用轴操作键把机器人移到立方体的中心位置。

e. 按回车键，当前值作为立方体的中心位置被设定完成，如图 4-19 所示。

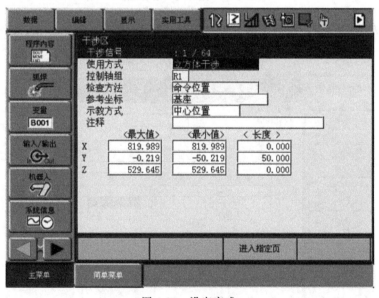

图 4-19　设定完成

4.1.2　轴干涉区

轴干涉区，是指判断各轴当前位置并输出信号的功能。设定各轴正方向、负方向各自动作区域的最大值和最小值，判断各轴当前值是在区域内侧或外侧，并将该状态作为信号输出。ON 为区域内，OFF 为区域外，如图 4-20 所示。

设定步骤如下：

① 选择主菜单的【机器人】。

② 选择【干涉区】，显示干涉区画面，如图 4-21 所示。

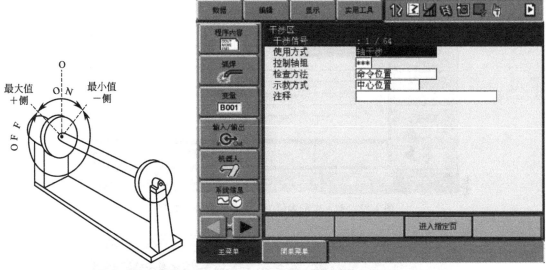

图 4-20　工装轴的轴干涉区信号　　　　　　　图 4-21　选择轴干涉

③ 设定想要的干涉信号，用翻页键或用输入数值的方法切换到想要的干涉信号。输入数值时，需将光标移到信号号码处，按选择键进入数值输入状态，再输入想要的信号号码，按回车键。

④ 选择【使用方式】，每按一次选择键，【轴干涉】与【立方体干涉】交替切换，选择【轴干涉】，如图 4-21 所示。

⑤ 选择【控制轴组】，显示选择对话框，选择想要的控制轴组。

⑥ 选择【检查方法】，每按一次选择键，【命令位置】与【反馈位置】交替切换。

（1）输入轴数据的坐标最大值/最小值

① 选择【示教方式】，每按一次选择键，【最大值/最小值】与【中心位置】交替切换，设定【最大值/最小值】。

② 按住输入＜最大值＞、＜最小值＞的数据，按住回车键，设定轴干涉区，如图 4-22 所示。

（2）用轴操作把机器人移动到轴数据的最大值/最小值的位置

① 选择【示教方式】，每当按选择键时，【最大值/最小值】【中心位置】可以相互替换，设定【最大值/最小值】。

② 按【修改】，显示【示教最大值/最小值位置】的信息。

③ 光标对准＜最大值＞或者＜最小值＞，修改最小值时，把光标对准＜最小值＞。此时的光标只能移动到＜最大值＞＜最小值＞处。

④ 用轴操作键把机器人移动到轴干涉的最大值或者最小值位置。

⑤ 按回车键，当前值作为轴干涉区进行设定，如图 4-23 所示。

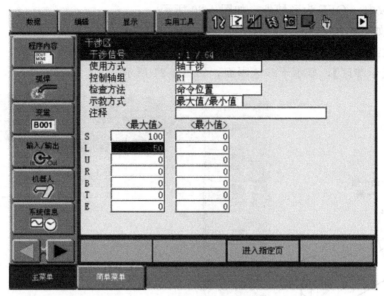

图 4-22 输入＜最大值＞、＜最小值＞的数据

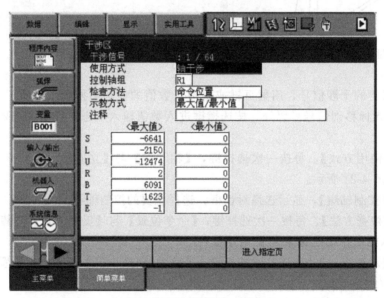

图 4-23 轴操作设定完成

（3）用数字输入轴数据中心位置（脉冲宽度），用轴操作把机器人移动到中心点

① 选择【示教方式】，每按一次选择键，【最大值/最小值】【中心位置】相互替换。设定【中心位置】。

② 输入想设定的脉冲宽度数据，按回车键，设定脉冲宽度，如图 4-24 所示。

③ 按【修改】，显示【请移动到中心位置示教】的信息。这时的光标只能移动到＜最大值＞＜最小值＞。

④ 用轴操作键把机器人移动到轴干涉的中心位置。

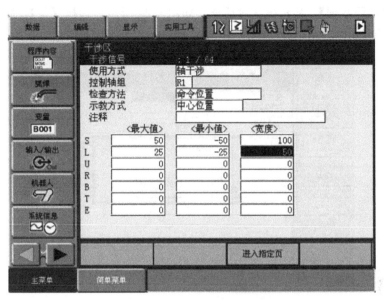

图 4-24　输入脉冲宽度数据

⑤ 按回车键，当前值作为轴干涉的中心位置进行设定。

（4）干涉区域的数据删除

① 选择主菜单的【机器人】。

② 选择【干涉区】，显示干涉区域的画面。

③ 选择想删除的干涉信号，数据删除干涉信号里，用翻页键或者数值输入进行切换。数值输入时，选择【页数】，输入希望的信号编号，按回车键。

④ 选择菜单的【数据】，显示下拉菜单，如图 4-25 所示。

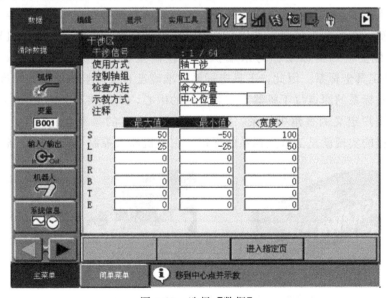

图 4-25　选择【数据】

⑤ 选择【清除数据】，显示确认对话框，如图 4-26 所示，选择【是】，删除选择的干涉区域的全部数据。

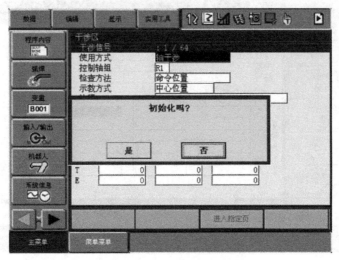

图 4-26　选择【清除数据】

4.2
工具坐标系的设置

扫码看：用五点法设置机器人的工具坐标系

　　工业机器人是通过末端安装不同的工具完成各种作业任务的。要想让机器人正常作业，就要让机器人末端工具能够精确地到达某一确定位姿，并能够始终保持这一姿态。从机器人运动学角度理解，就是在工具中心点(TCP)固定一个坐标系，控制其相对于机器人坐标系或世界坐标系的位姿，此坐标系称为末端执行器控制坐标系（tool/terminal control frame，TCF），也就是工具坐标系。因此，工具坐标系的准确度直接影响机器人的轨迹精度。

　　默认工具坐标系的原点位于机器人安装法兰的中心，当安装不同的工具(如焊枪)时，工具需获得一个用户定义的直角坐标系，其原点在用户定义的参考点（TCP）上，如图 4-27 所示，这一过程的实现就是工具坐标系的标定。它是机器人控制器所必须具备的一项功能。

(a) TCP未标定

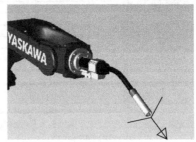

(b) TCP标定

图 4-27　机器人工具坐标系

4.2.1 工具坐标系的手动操作

工具坐标系就是把在机器人手腕法兰盘安装的工具的有效方向作为 Z 轴，并把工具的前端定义为 XYZ 直角坐标，机器人前端围绕此坐标平行动作，如图 4-28 所示。

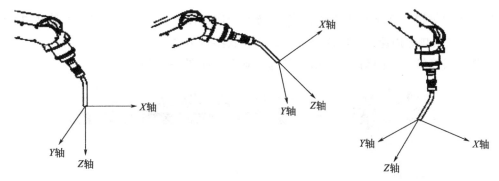

图 4-28　工具坐标系

（1）工具坐标系的手动操作

在工具坐标系中，机器人平行于定义在工具前端的 X、Y、Z 轴进行动作，表 4-1 为安川工业机器人的各轴动作。

表 4-1　工具坐标系中的轴操作

轴名称		轴操作	动作
基本轴	X 轴	X- / X+	平行 X 轴移动
	Y 轴	Y- / Y+	平行 Y 轴移动
	Z 轴	Z- / Z+	平行 Z 轴移动
手腕轴			固定控制点动作

工具坐标系的运动方向以工具的有效方向为基准，不因机器人的位置、姿势等变化而改变，因此，即使是处于工作状态下的工具也可进行平行移动，如图 4-29 所示。

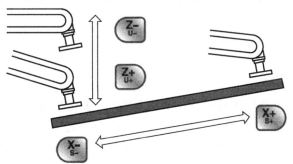

图 4-29　工具坐标系的运动方向

（2）工具坐标系的选择

在使用了多种工具的系统中，选择和作业相应的工具。在一台机器人上使用多个工具时，需要设定 S2C431 的参数，S2C431 参数是工具序号切换指定，为 1 时可在多个工具文件间切换，为 0 时不可切换。

① 按下坐标键，选择工具坐标系 ，每按一次坐标键，关节→直角→工具→用户→示教线坐标（仅限弧焊用途）的顺序会改变。请在状态栏中确认。

② 按下转换键 + 坐标键，显示工具选择画面，如图 4-30 所示。

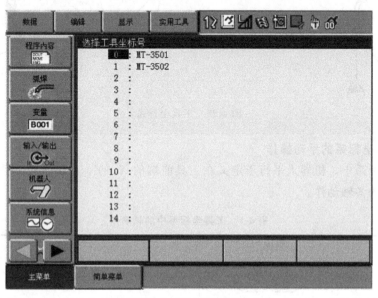

图 4-30　工具选择画面

③ 将光标选中要使用的工具，例如在画面中选择工具序号 0（弧焊焊钳型号 MT-3501）。

④ 按下转换键 +坐标键，返回到原画面，工具坐标系选择完可以在状态栏中看到工具坐标号，该序号为当前使用的工具坐标系，如图 4-31 所示。

图 4-31　工具坐标号

4.2.2　工具尺寸的设定

安川工业机器人的工具尺寸都记录在工具文件中，要使用哪一个工具尺寸需要登录工具文件，工具文件最多能登录 64 种，工具文件编号是 0～63。每一个文件称为工具文件。一般来说，在 1 台机器人上使用 1 种工具文件。如果使用工具文件扩展功能，则可在 1 台机器人上切换使用多种工具文件。工业机器人参数 S2C431 就是用来切换指定工具编号的，该参数为 1 时可切换，为 0 时不可切换。

（1）工具尺寸数据的设定

通过输入数值来登录工具文件时，请将工具控制点的位置作为法兰盘坐标的各轴坐标值来进行输入，如图 4-32 所示。工具尺寸数据的设定操作如下：

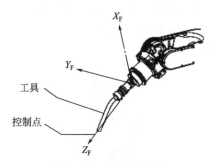

图 4-32　工具控制点

① 选择主菜单中的【机器人】，显示子菜单，选择【工具】，在工具一览画面中，将光标移动到目标序号上，如图 4-33 所示。按下选择键，显示所选序号的工具坐标画面，在工具坐标画面中，可按下翻页键或选择【进入指定页】来切换到目标序号上。

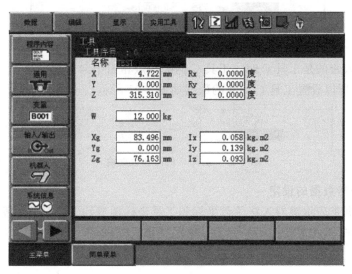

图 4-33　工具尺寸数据画面

② 要切换工具一览画面和工具坐标画面时，可选择菜单中的【显示】→【列表】，或【显示】→【坐标值】，如图 4-34 所示。

图 4-34　切换工具一览画面

③ 选择目标工具编号。

④ 选中要登录的坐标值，进入数值输入状态。

⑤ 输入数值。

⑥ 按下回车键，登录坐标值。

以图 4-35 中 3 种工具 A、B、C 的设定为例说明工具尺寸数值的输入。当工业机器人装的是工具 A 或工具 B 时，工具 A 和 B 的尖端点相当于向 Z 轴平移了 260mm，所以设置工具 A 和 B 尺寸的数据如图 4-36 所示。

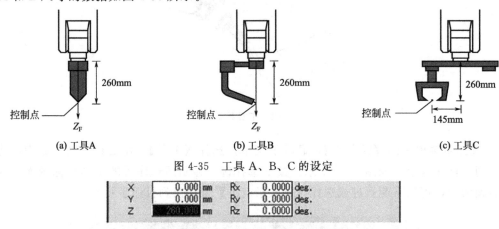

| (a) 工具A | (b) 工具B | (c) 工具C |

图 4-35　工具 A、B、C 的设定

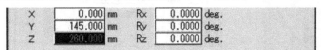

图 4-36　工具 A 和 B 的尺寸数据输入

当工业机器人装的是工具 C 时，工具 C 的尖端点相当于向 Y 轴平移了 145mm、向 Z 轴平移了 260mm，所以设置工具 C 尺寸的数据如图 4-37 所示。

X	0.000	mm	Rx	0.0000	deg.
Y	145.000	mm	Ry	0.0000	deg.
Z	260.000	mm	Rz	0.0000	deg.

图 4-37　工具 C 的尺寸数据输入

（2）工具姿势数据的设定

工具姿势数据是表示机器人法兰盘坐标和工具坐标调整到一致时的角度数据。朝着箭头方向右转为正方向。以 $R_z \rightarrow R_y \rightarrow R_x$ 的顺序登录，如图 4-38 所示工具时，登录 $R_z = 180$、$R_y = 90$、$R_x = 0$，操作步骤如下：

① 前面三步跟工具尺寸数据设定的前三步一样。

② 选择要登录坐标值的轴，首先选择 R_z。

③ 输入转动角度值，用数值键输入绕法兰盘坐标 Z_F 的旋转角度，如图 4-39 所示。

④ 按下回车键，登录 R_z 的转动角度。通过同样的方法登录 R_y、R_x 的转动角度，R_y 是输入绕法兰盘坐标 Y'_F 的旋转角度，如图 4-40 所示。R_x 是输入绕法兰盘坐标的 X''_F 的旋转角度，如图 4-41 所示。

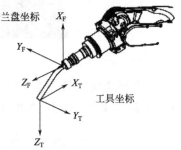

图 4-38　工具坐标姿势

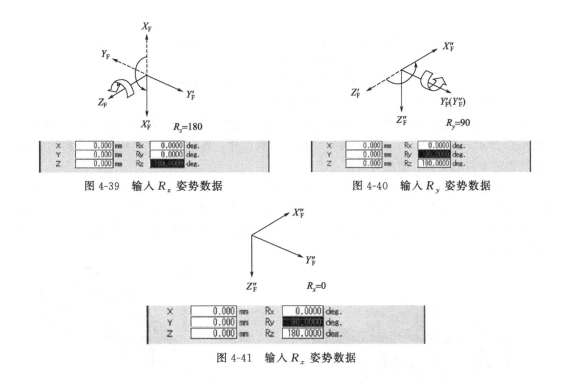

图 4-39　输入 R_z 姿势数据　　　　图 4-40　输入 R_y 姿势数据

图 4-41　输入 R_x 姿势数据

4.2.3　工具坐标系的标定

机器人工具坐标系的标定是指将工具中心点（TCP）的位置和姿态告诉机器人，指出它与机器人末端关节坐标系的关系。目前，机器人工具坐标系的标定方法主要有外部基准标定法和多点标定法。

（1）外部基准标定法

外部基准标定法只需要使工具对准某一测定好的外部基准点，便可完成标定，标定过程快捷简便。但这类标定方法依赖于机器人外部基准。

（2）多点标定法

目前，常采用多点（三点、四点、五点、六点）标定法对机器人工具坐标系进行标定，标定点数越多，工具坐标系的准确度越高，从而机器人的运动轨迹越精确。大多数工业机器人都具备工具坐标系多点标定功能。这类标定包含工具中心点（TCP）位置多点标定和工具坐标系（TCF）姿态多点标定。TCP 位置标定是使几个标定点 TCP 位置重合，从而计算出TCP，即工具坐标系原点相对于末端关节坐标系的位置，如四点法；而 TCF 姿态标定是使几个标定点之间具有特殊的方位关系，从而计算出工具坐标系相对于末端关节坐标系的姿态，如五点法（在四点法的基础上，除能确定工具坐标系的位置外还能确定工具坐标系的 Z 轴方向）、六点法（在四点法、五点法的基础上，能确定工具坐标系的位置和工具坐标系 X、Y、Z 三轴的姿态）。

安川工业机器人工具坐标系标定有三种方法，可根据参数 S2C432 的设定进行选择。

当 S2C432 为 0 时，仅校准坐标值，由 5 个校准示教位置算出的"坐标值"，被设定在工具文件中，此时"姿势数据"全部为 0。

当 S2C432 为 1 时，仅校准姿势，由第 1 个校准示教位置算出的"姿势数据"，被设定在工具文件中，此时"坐标值"不变（保持原值）。

当 S2C432 为 2 时，校准坐标值和姿势，由 5 个校准示教位置算出的"坐标值"和由第 1 个校准示教位置算出的"姿势数据"，被设定在工具文件中。

为了进行坐标值的工具校准，要以控制点为基准点取 5 个不同的姿势（TC1～TC5），如图 4-42 所示，根据这 5 个数据，可自动算出工具尺寸。各个姿势，请取任意方向的姿势，如果取固定方向的姿势，精度有可能会不准。

为了进行工具姿态数据的校准，在示教位置的第一个点（TC1）把想设定的工具坐标 Z 轴垂直朝下方向（与基座坐标 Z 轴平行，前端同一方向）进行示教，如图 4-43 所示，根据这个 TC1 姿势，工具姿势就自动算出来。此时工具坐标的 X 轴在 TC1 的位置上，定义工具坐标的 X 轴的方向。

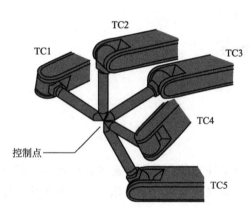

图 4-42 5 个不同的姿势（TC1～TC5）

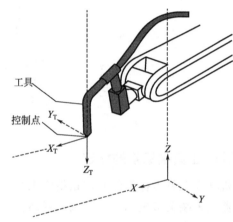

图 4-43 工具姿态数据的校准

当 S2C432＝2 进行校准时，TC1 工具坐标 Z 轴垂直朝下进行示教，并和此工具前端保持一致，示教 TC2～TC5 改变工具姿势，如图 4-44 所示。

如果由于和周边设备干涉，如图 4-44 所示有一个地方不能示教时，首先用 S2C432＝0 或者是 2 进行坐标值的校准，然后修改为 S2C432＝1，用其他的位置重新示教 TC1 之后进行校准后再登录姿势数据，如图 4-45 所示。

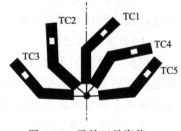

图 4-44 示教工具姿势

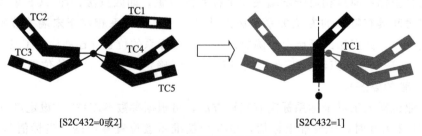

[S2C432=0或2]   [S2C432=1]

图 4-45 机器人和周边设备干涉时的示教

（3）工具坐标系的标定操作

① 选择主菜单的【机器人】，选择【工具】，选择希望的工具编号。

② 选择菜单的【实用工具】，显示下拉菜单，如图 4-46 所示。

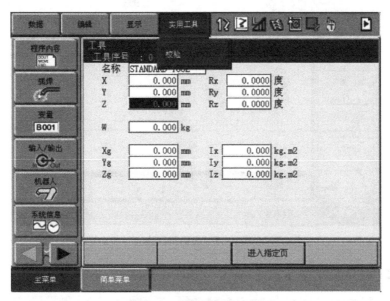

图 4-46　选择【实用工具】

③ 选择【校验】，显示工具校准设定画面，如图 4-47 所示。

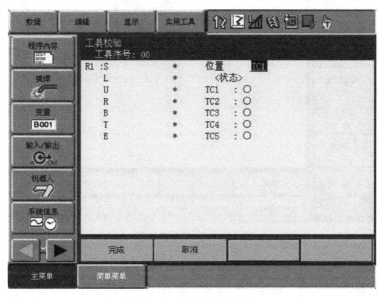

图 4-47　选择【校验】

④ 选择机器人，选择校验对象机器人（机器人只一台和选择全部的机器人时，此操作是不需要的）。选择工具校验设定画面的"＊＊"，从选择对话框里选择机器人，如图 4-48 所示。

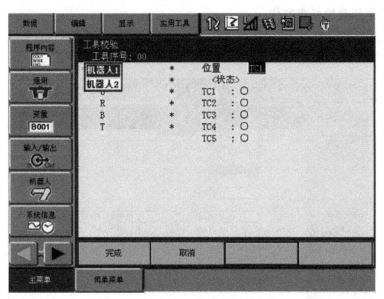

图 4-48　选择机器人

⑤ 选择【设定位置】，显示选择对话框，选择示教位置，如图 4-49 所示。

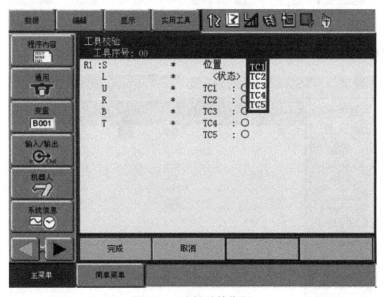

图 4-49　选择示教位置

⑥ 通过轴操作键将机器人移动到目标位置。

⑦ 按下修改键和回车键，登录示教位置。重复⑤～⑦的操作，设定位置 TC1～TC5 进行示教。画面中的"●"表示示教完成，"○"表示未完成，如图 4-50 所示。确认已示教的位置时，显示 TC1～TC5 的目标设定位置，按下前进键，机器人就会移动到该位置。机器人的当前位置与画面上显示的位置数据不同时，设定位置的"TC□"会闪烁。

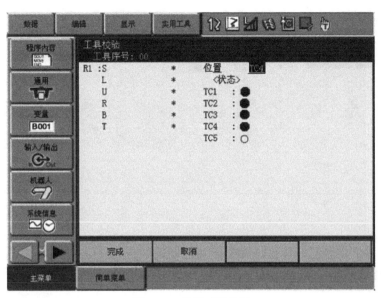

图 4-50　登录示教位置

⑧ 选择【完成】，实行工具校验并登录工具文件，校验完成后，显示工具坐标画面，如图 4-51 所示。

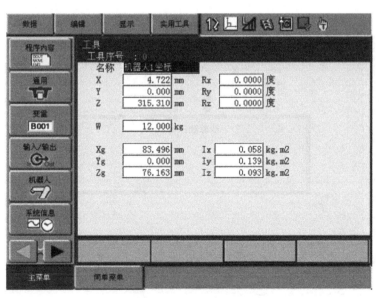

图 4-51　工具坐标画面

（4）清除工具坐标系数据

在工业机器人要进行新工具的校验时，要先初始化机器人的信息和校验数据，清空工具坐标系数据操作如下：

① 在工具校验设定画面上，选择菜单中的【数据】，显示下拉菜单，如图 4-52 所示。

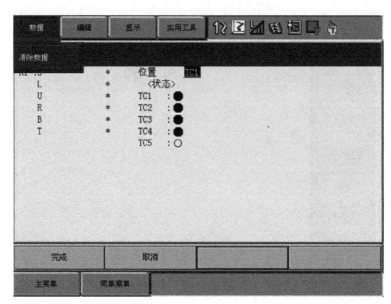

图 4-52　选择【数据】

② 选择【清除数据】，显示确认对话框，如图 4-53 所示，选择【是】，所选工具的所有数据被清空。

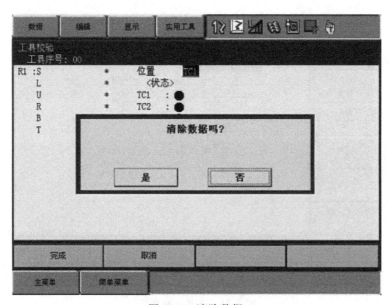

图 4-53　清除数据

4.2.4　工具重量和重心自动测定功能

每个工业机器人工具都有重量和重心，如果人为的测量工具重量和重心，比较烦琐，还要单独把工具取下来。安川工业机器人的工具尺寸设定功能有工具重量和重心的自动测定功能，工具重量重心自动测定功能是为了方便登录工具重量和重心位置的功能。利用此功能，可自动测定工具重量和重心位置并登录在工具文件中。

工具重量信息包括法兰盘上所安装的工具整体的重量、重心位置和重心位置的转动惯量。工具的设定值不详时，可通过工具重量、重心的自动测定功能来简单地设定工具重量信息。

工具重量重心自动测定功能适用于机器人对地安装角度为 0°时，测定重量重心位置是调整机器人到基准位置（U、B、R 轴水平位置），然后操作 U 轴、B 轴、T 轴来进行的，如图4-54 所示。

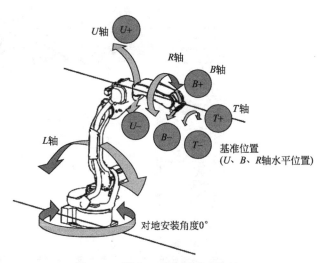

图 4-54　测定工具重量重心位置

工具重量重心自动测定步骤操作如下：

① 选择主菜单的【机器人】，选择【工具】，显示工具一览画面。工具一览画面仅在文件扩展功能有效的情况下显示，文件扩展功能无效时，显示工具坐标画面。

② 选择目标工具序号，在工具一览画面中，将光标移动到目标编号，按下选择键，显示所选编号的工具坐标画面，如图 4-55 所示。

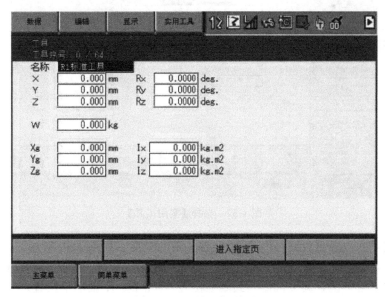

图 4-55　工具坐标画面

③ 在工具坐标画面中，可按下页面键或者选择【进入指定页】切换到目标序号。要切换工具一览画面和工具坐标画面时，选择菜单中的【显示】→【一览】，如图 4-56 所示 。

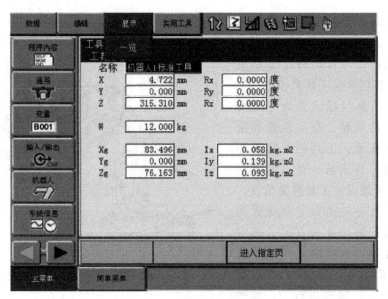

图 4-56　切换工具一览画面

④ 选择菜单中的【实用工具】，如图 4-57 所示。

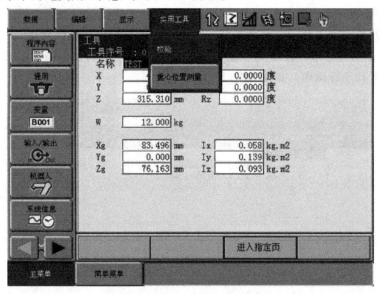

图 4-57　选择【实用工具】

⑤ 选择【重心位置测量】，显示重心位置测量的画面，如图 4-58 所示。

⑥ 按下翻页键，如果系统有多台机器人，选择【进入指定页】切换到目标控制轴组。

⑦ 首次按下前进键，调整机器人到基准位置（U、B、R 轴水平位置）。

⑧ 再次按下前进键，开始测定。全部测定完成后（都变为"●"时），画面中会显示测定数据，如图 4-59 所示。

按如下顺序操作机器人来进行测定，测定完成的项目，由"○"变为"●"。

a.U 轴测定：U 轴基准位置＋4.5°→ －4.5°。

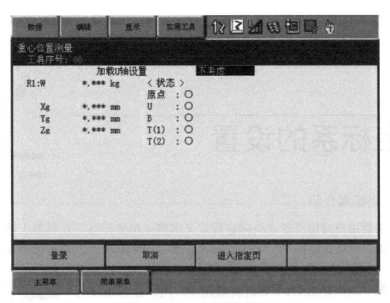

图 4-58　重心位置测量画面

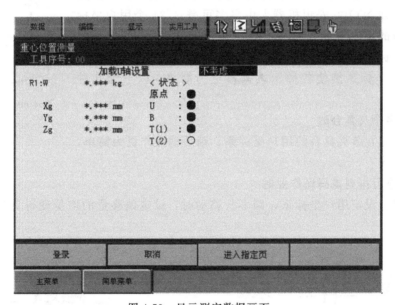

图 4-59　显示测定数据画面

b. G 轴测定：B 轴基准位置 +4.5° → −4.5°。

c. T 轴第一次测定：T 轴基准位置 +4.5° → −4.5°。

d. T 轴第二次测定：T 轴基准位置 +60° → +4.5° → −4.5°。

> **说明**　测定时的速度默认为"中速"，画面的"基准""U 轴"等字样会闪烁显示。
>
> 　　测定过程中松开前进键（变为"●"前松开时），会中断测定，显示以下信息："停止测量"，再测定时，从基准位置开始。

⑨ 选择【登录】，测定数据记录在工具文件中，显示工具坐标画面。如果选择【取消】，测定数据不记录在工具文件，仅显示工具画面。

4.3
用户坐标系的设置

扫码看：用户坐标系的设置

4.3.1 用户坐标系介绍

用户坐标系是用户对每个作业空间进行定义的笛卡尔坐标系，在机器人动作允许范围内的任意位置，设定任意角度的 X、Y、Z 轴，机器人均可沿所设各轴平行移动，此坐标系称作用户坐标系，如图 4-60 所示。不同型号的安川机器人，可登录的用户坐标数不一样，在 DX200 安川机器人中，用户坐标最多可登录 63 种，分别设定为 1 ～ 63 的用户坐标号，并将其称之为用户坐标文件。在 NX100 安川机器人中最多可登录 24 个用户坐标系，与之对应的用户坐标号为 1 ～ 24 。用户坐标系在尚未设定时，被直角坐标系所替代。

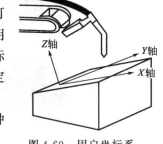

图 4-60　用户坐标系

使用用户坐标系能使各种示教操作更为简单，以下为几种示例：

（1）有多个夹具台时

如使用设定在各夹具台的用户坐标系，则手动操作更为简单，如图 4-61 所示。

（2）当进行排列或码垛作业时

如在托盘上设定用户坐标系，则平行移动时，设定偏移量的增量变得更为简单，如图 4-62 所示。

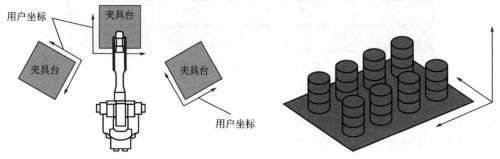

图 4-61　用户坐标系用于夹具台　　　　图 4-62　用户坐标系用于码垛作业

（3）传送同步运行时

可指定传送带的移动方向为用户坐标系的轴的方向，如图 4-63 所示。

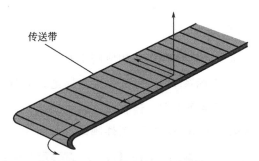

图 4-63　用户坐标系用于传送同步

4.3.2　用户坐标系的手动操作

在用户坐标系中，将机器人动作区域中的任意位置设定任意角度的 XYZ 直角坐标系，机器人平行于这些轴做运动，表 4-2 为安川工业机器人用户坐标系中的轴操作，其中向 X、Y 轴方向移动和向 Z 轴方向移动如图 4-64 所示。

表 4-2　安川工业机器人用户坐标系中的轴操作

轴名称		轴操作	动作
基本轴	X 轴		平行 X 轴移动
	Y 轴		平行 Y 轴移动
	Z 轴		平行 Z 轴移动
手腕轴			固定控制点动作

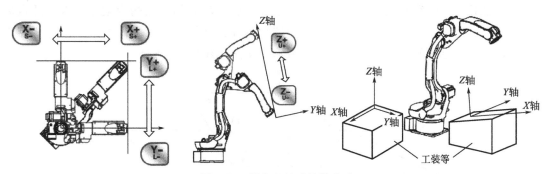

图 4-64　用户坐标系的轴移动

4.3.3 用户坐标系的选择

在使用了多种工具的系统中,选择和作业相应的工具。

① 按下坐标键,选择工具坐标系![U],每按一次坐标键,关节→直角→工具→用户→示教线坐标(仅限弧焊用途)的顺序会改变。请在状态栏中确认。

② 按下转换键 + 坐标键,显示用户坐标选择画面,如图 4-65 所示。

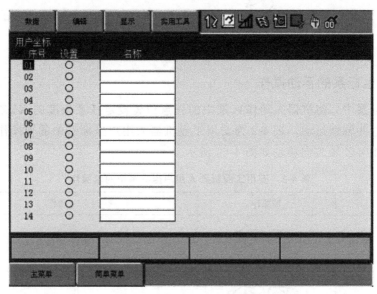

图 4-65 用户坐标选择画面

③ 选择目标用户坐标号。

4.3.4 用户坐标系的设定

不在同一条直线上的三点可以确定唯一平面。根据这个原理,采用三点法来定义用户坐标系,如图 4-66 所示。定义的三个点分别为 ORG、XX 和 XY,其中 ORG 为用户坐标系原点,XX 为用户坐标系 X 轴上的一点,XY 为用户坐标系 Y 轴一侧的示教点,选定此点后可以决定 Y 轴和 Z 轴的方向,这三个点的位置数据保持在用户坐标文件中。DX200 机器人中用户坐标最多能登录 63 种,每个用户坐标有一个坐标序号(1~63)。

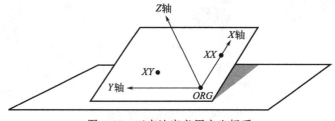

图 4-66 三点法定义用户坐标系

在用户坐标系设置前，首先要制定用户的坐标系编号，然后应用轴键依次移动机器人至 ORG、XX 和 XY 三点，并记录点的位置，具体操作步骤如下：

① 选择主菜单中的【机器人】，选择【用户坐标】，显示用户坐标一览，如图 4-67 所示。

② 选择用户坐标序号，已设定用户坐标的，【设置】会显示●，按下示教器选择按键进入用户坐标示教画面，如图 4-68 所示。

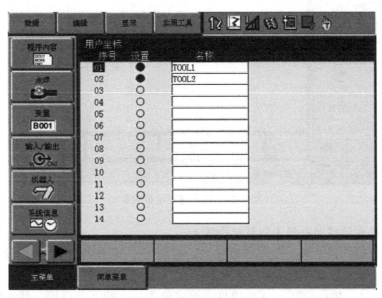

图 4-67　用户坐标一览

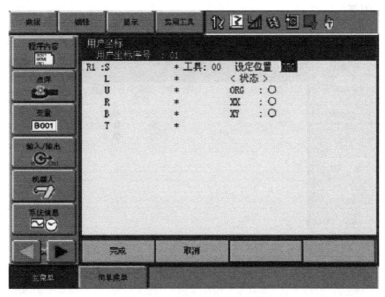

图 4-68　用户坐标示教画面

③ 按下示教器选择键，选择示教的【设定位置】，如图 4-69 所示。

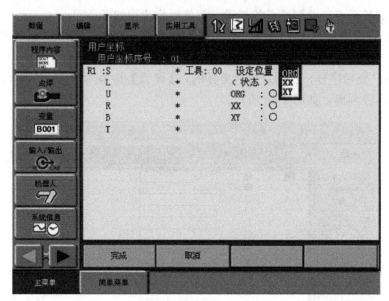

图 4-69　选择【设定位置】

④ 使用轴操作键移动机器人到目标位置上。

⑤ 按下修改键、回车键，登录示教位置，重复 ②～④ 的操作，示教设定位置 *ORG*、*XX*、*XY*。画面上的"●"表示示教已完成，"○"表示示教未完成，如图 4-70 所示。确认示教完成的位置时，显示 *ORG*～*XY* 的目标设定位置后，按下前进键，移动机器人到目标位置。如果机器人的当前位置与画面上所示的位置数据不一致，设定位置【ORG】【XX】【XY】显示灯会闪烁。

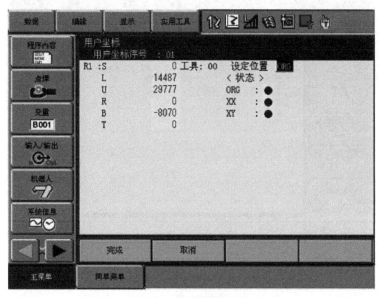

图 4-70　示教设定位置

⑥ 选择【完成】，创建用户坐标，登录到用户坐标文件中，创建完成后，显示用户坐标一览画面。

4.3.5 用户坐标数据的清除

通过以下操作清除已登录的用户坐标：

① 选择菜单中的【数据】。

② 选择【清除数据】，显示确认对话框，如图 4-71 所示。

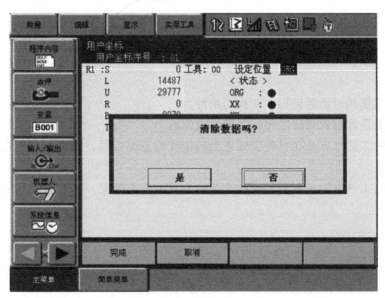

图 4-71　清空数据确认对话框

③ 选择【是】，清除所有数据。

思考与练习

1. 填空题

（1）安川工业机器人的干涉区可以分为＿＿＿＿＿＿＿、＿＿＿＿＿＿＿。

（2）从机器人运动学角度理解，就是在工具中心点（TCP）固定一个坐标系，控制其相对于机器人坐标系或世界坐标系的位姿，此坐标系称为＿＿＿＿＿＿。

（3）工具坐标系就是把在机器人手腕法兰盘安装的工具的有效方向作为＿＿＿轴，并把工具的前端定义为＿＿＿＿直角坐标，机器人前端围绕此坐标平行动作。

2. 单项选择题

已知新的工具坐标系如题图 4-1 所示，则该工具坐标系的变换参数为（　　）。

A.（0，0，70，0，−90，0）　　　B.（0，70，0，90，0，0）

C.（0，0，70，0，0，90）　　　　D.（0，70，0，0，90，0）

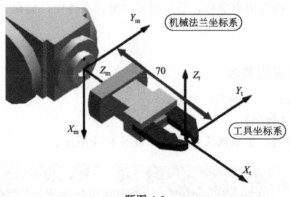

题图 4-1

3. 判断题

（1）工具坐标系是相对世界坐标系变换而来的。 （ ）

（2）工具坐标系是相对机械法兰坐标系变换而来的。 （ ）

（3）对于给定的工具坐标系在世界坐标系上的位置与姿态数据，机器人关节位移矩阵具有唯一解。 （ ）

（4）对于给定的工具坐标系在世界坐标系上的位置与姿态数据，机器人关节位移矩阵具有多组解。 （ ）

第 5 章

安川工业机器人的编程应用

码垛机器人广泛应用于物流、食品、医药等领域，以提高生产效率、节省劳动力成本、提高定位精度并降低搬运过程中的产品损坏率。码垛机器人是经历了人工码垛、码垛机码垛两个阶段而出现的自动化、智能化设备。码垛机器人的出现，不仅可改善劳动环境，而且对减轻劳动强度，保证人身安全，降低能耗，减少辅助设备资源，提高劳动生产率等方面具有重要意义。码垛机器人可使运输工业加快码垛效率，提升物流速度，获得整齐统一的物垛，减少物料破损与浪费。因此，码垛机器人将逐步取代传统码垛机以实现生产制造"新自动化、新无人化"，码垛行业亦因码垛机器人出现而步入"新起点"。

本章将以码垛工业机器人为实例，讲解安川工业机器人执行码垛作业时的程序编写，指令应用，通过实例的形式学会安川机器人基本指令应用，加深对码垛机器人及其作业示教的认知。

学习目标

知识目标

◎ 1. 掌握工业机器人的相关编程指令。
◎ 2. 掌握工业机器人码垛运动的特点及程序编制方法。

能力目标

◎ 1. 能根据码垛任务进行工业机器人的运动规划。
◎ 2. 能使用工业机器人基本指令正确编制码垛控制程序。
◎ 3. 能完成码垛程序的调试和自动运行。

5.1
工业机器人搬运实例编程

5.1.1 DOUT 指令

（1）指令功能

DOUT 指令的功能是使安川工业机器人的通用输出信号接通或断开，也就是控制工业机器人的输出口，类似 PLC 控制输出口的得电与断电。

（2）指令说明

指令格式：

DOUT 输出指令后面的附加项目可选 OT♯（输出号）、OG♯（输出组序号）、OGH♯（输出组序号）、OGU♯（用户组输出号），如表 5-1 所示，备注中的序号范围是以安川工业机器人 YRC1000 为例，不同型号的机器人，序号范围不一样，具体请参考相关机器人说明书。后面的数值和输出状态可用变量来表示，变量的使用要根据数值范围来选用。后面的输出状态只有 ON 和 OFF，对应指定位的输出状态，若标记为输出组，则输出状态可以是数字，也可以用变量来表示，表示的数字需转换为二进制相应位的状态。

表 5-1　附加项说明表

序号	标号	说明	备注
1	OT #(输出号)	指定输出信号的序号	序号：1～4096 可通过 B/I/D/LB/LI/LD 变量指定序号
2	OG #(输出组序号)	指定输出信号的组序号（1 组 8 点）	序号：1～512 可通过 B/I/D/LB/LI/LD 变量指定序号
3	OGH #(输出组序号)	指定输出信号的组序号（1 组 4 点）	序号：1～1024 可通过 B/I/D/LB/LI/LD 变量指定序号
4	OGU #(用户组输出号)	指定输出信号的用户组序号	序号：1～64 可通过 B/I/D/LB/LI/LD 变量指定序号

表 5-1 中输出信号 OT♯（××）为 1 个输出点，就是 1 个位。OGH♯（××）为 1 组 4 个输出点，相当于半个字 4 位。OG♯（××）为 1 组 8 个输出点，就是 1 个字节 8 个位，它们的关系如图 5-1 所示。

OT#(8)	OT#(7)	OT#(6)	OT#(5)	OT#(4)	OT#(3)	OT#(2)	OT#(1)
OGH#(2)				OGH#(1)			
OG#(1)							

图 5-1 输出信号间的关系

用户组输出 OGU♯（×）是由用户组输出设定文件中设定的输出信号构成的信号。有关详细内容和设定方法，请参考 YRC1000 使用说明书（R-CTO-A221）中的"用户组输入输出"，这里不做介绍。

（3）指令举例

① DOUT OT#(12) ON

DOUT 指令后面接的 OT 是指定输出信号的某一位，所以该指令是使安川机器人的通用输出信号的 12 号接通。

② SET B000 24
　DOUT OG#(3) B000

该段程序首先将变量 B000 初始化为 24，24 为十进制数，由于 DOUT 指令后面接的 OG 指定输出信号组，故输出为第 3 组，第 3 组对应 8 个位为 OT(17)~OT(24)，要使变量 B000 中的数值对应上每一个输出位，需要将 B000 转换为二进制，转换如下：

B000 = 24（十进制）= 00011000（二进制）

对应的位为 0 时该位断开，为 1 时接通，所以输出状态为接通的位为 OT(20) 和 OT(21)，如图 5-2 所示。

OT#(24)	OT#(23)	OT#(22)	OT#(21)	OT#(20)	OT#(19)	OT#(18)	OT#(17)
OG#(3)							

图 5-2 二进制对应的输出位（一）

③ SET D000-2147483648
DOUT OGU# (6) D000
＜用户组输出设定：OGU# (6)＞
开始点：40 点数：32 奇偶：NONE

该段程序首先将变量 D000 初始化为 -2147483648，-2147483648 为十进制数，由于 DOUT 指令后面接的 OGU 指定输出用户组，故输出为第 6 个用户组，第 6 个用户组输出设置开始点为 40，输出点 32 个，无奇偶。第 6 个用户组对应 32 个位为 OT(40)~OT(71)，要使变量 D000 中的数值对应上每一个输出位，需要将 D000 转换为二进制，转换如下：

D000 = -2147483648（十进制）=10000000000000000000000000000000（二进制）

对应的位为 0 时该位断开，为 1 时接通，所以输出状态为接通的位为 OT(71)，如图 5-3 所示。

OT#(47)	OT#(46)	OT#(45)	OT#(44)	OT#(43)	OT#(42)	OT#(41)	OT#(40)
OGU#(6)							

OT#(55)	OT#(54)	OT#(53)	OT#(52)	OT#(51)	OT#(50)	OT#(49)	OT#(48)
OGU#(6)							

OT#(63)	OT#(62)	OT#(61)	OT#(60)	OT#(59)	OT#(58)	OT#(57)	OT#(56)
OGU#(6)							

OT#(71)	OT#(70)	OT#(69)	OT#(68)	OT#(67)	OT#(66)	OT#(65)	OT#(64)
OGU#(6)							

图 5-3 二进制对应的输出位（二）

（4）指令位置

DOUT 指令不像移动插补指令一样，可以直接插入，这个指令需要在命令一览指令中插入，具体操作步骤如下：

① 在程序编辑画面，按下示教器命令一览按键，如图 5-4 所示。

② 通过示教器上下按键移动光标选择 I/O 命令中的 DOUT 命令，如图 5-5 所示，按插入键即可插入 DOUT 指令。

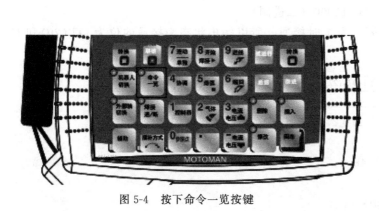

图 5-4 按下命令一览按键

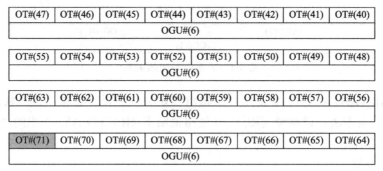

图 5-5 选择 DOUT 命令

③ 插入命令后将光标放在 DOUT 后面的参数上，按选择键，输入数值即可改变参数值。

5.1.2 TIMER 指令

（1）指令功能

TIMER 指令的功能是停止指定的时间，使机器人保留当前状态，停止执行任何其他指令，类似 PLC 中的定时器。

（2）指令说明

指令格式：

该指令比较简单，TIMER 后面直接是添加项目 T，这是必须添加的项目，T 用来指定停止的时间，时间设定多少，后面的等号就将数值改为多少即可。该数值范围为 0.01～655.35s，可以直接设置数值，也可以通过 I/LI/I［］/LI［］变量指定时间，时间单位为 0.01s。

（3）指令举例

① TIMER T= 12.50

该指令的意思是让机器人保持当前状态，停止 12.5s。

② SET I002 5
TIMER T= I002

该程序用到了整数型变量 I002，首先初始化 I002 为 5，在设置时间数值的时候直接用 I002 变量代替。定时器标号的数值数据使用变量时的单位为 0.01s。I000 设定为 5 时，执行命令时的值为 T＝0.05s。有时根据程序的需要，TIMER 后面的时间不一定是一成不变的，有时需要根据作业要求不断变化，这种情况可用变量来设置定时时间，根据不同的需要改变变量值即可，不用每次都重新添加 TIMER 命令，使程序更加灵活，编程效率更高。

（4）指令位置

TIMER 命令插入步骤如下：

① 在程序编辑画面，按下示教器命令一览按键。

② 通过示教器上下按键移动光标选择控制命令中的 TIMER 命令，如图 5-6 所示，按插入键即可插入 TIMER 指令。

③ 插入命令后将光标放在 T 参数后，按选择键，输入数值即可设置定时时间。

5.1.3 搬运应用实例

（1）任务描述

扫码看：机器人的 DOUT 指令应用

有一台六轴安川工业机器人，现需要用机器人夹具将工件从 A 点搬运到 B 点，搬运完成后机器人回到原点。电工班接受此任务，要求在规定期限完成机器人操作，并交

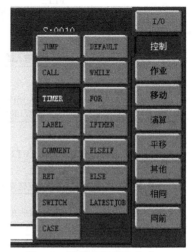

图 5-6　选择 TIMER 命令

有关人员验收。

任务的具体要求：能独立设置安川机器人的输入输出并完成工作任务，通过示教机器人把工件从 A 点搬运到 B 点，搬运完成后机器人自动回到原点，搬运示意图如图 5-7 所示，要求在规定实习时间内完成所有操作。

图 5-7 工件搬运示意

> **说明** 工业机器人末端执行器为气动夹具，由机器人 I/O 单元 CN308 插头 B8 作为输出点控制夹具的夹紧与松开。

（2）知识准备

前面已经介绍了相关编程指令，这里还需了解安川工业机器人相关硬件。

① I/O 单元（JZNC-YIU01-E） 在 DX100、DX200 中，有一个通用 I/O 单元（JZNC-YIU01-E）装在控制柜内，该基板有 4 个插头，分别用于连接数字输入输出（机器人通用输入输出）连接器 CN306、CN307、CN308、CN309，如图 5-8 所示。这些连接器有 40 个输入点，40 个输出点。根据用途不同，有专用输入输出和通用输入输出两种。

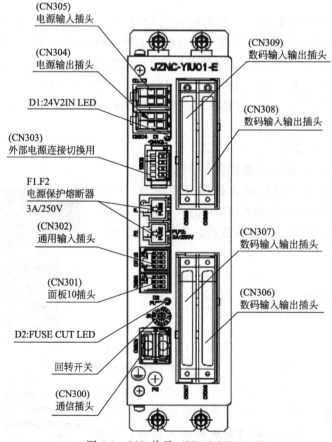

图 5-8 I/O 单元（JZNC-YIU01-E）

专用输入输出是事前分配好的信号，主要是夹具控制柜、集中控制柜等外部操作设备作为系统来控制机器人及相关设备的时候使用。

通用输入输出主要是在机器人的操作程序中使用，作为机器人和周边设备的即时信号，这里的搬运任务主要用到机器人的通用输出。

② CN308 插头 I/O 定义　以安川机器人 DX100 中的 CN308 插头为例。工业机器人气动夹具连接的 CN308 插头 B11 输出口，B11 作为机器人专用输出端子时，功能是再现模式选择中，当工业机器人的运行模式被调到再现模式时，B11 输出机器人再现模式运行状态信号。若机器人没有处于再现模式中，则 B11 无任何输出。在该任务中 B11 主要作为通用输出口，由指令 DOUT 直接控制该位的通电与断电，从而控制气动夹具电磁阀的通断，夹具才会实现夹紧松开动作，工业机器人接线图如图 5-9 所示，这里只截取输出口部分。CN308 插头的 I/O 定义如图 5-10 所示。

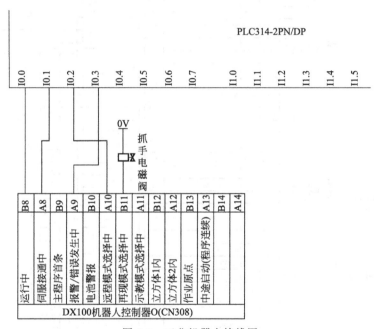

图 5-9　工业机器人接线图

（3）任务分析

① 轨迹规划　要实现工业机器人物料搬运任务，首先需要对工业机器人的移动轨迹进行规划，搬运轨迹规划如图 5-11 所示。首先定义 P0 点为工业机器人原点，机器人先移动到原点 P0，然后移动到物料的正上方，我们定义该点为 P1 点，机器人要抓取物料需要移动到物料处，定义该点为 P2 点。机器人抓取完物料后还不能直接平移到目标点，需要向上平移一段距离，以免物料跟工作台发生摩擦碰撞，可以移动到原来的 P1 点。抓取完物料要放回目标点之前，需要将机器人移动到目标点正上方，我们定义该点为 P3 点，然后机器人向下移动到目标点 P4，最好是目标点正上方一点点，以免物料跟工作台发生碰撞。机器人放下物料后不要直接返回原点，以免机器人跟物料发生碰撞，最好先向物料正上方移动一段距离，这里直接返回 P3 点，最后机器人返回原点位置 P0 点，此时机器人走完所有轨迹。

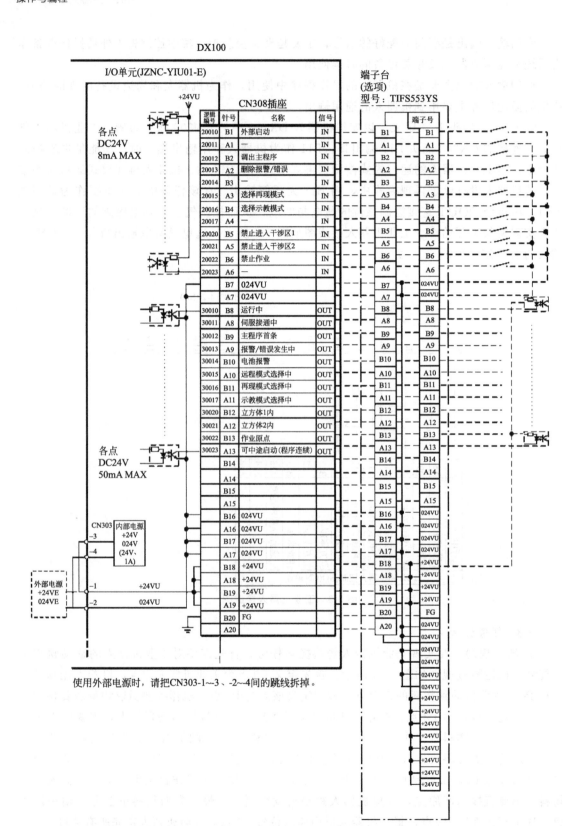

图 5-10 CN308 插头 I/O 定义

② 动作流程　要实现机器人自动搬运工件，需要完成程序编写，在程序编写之前先分析工业机器人的动作流程。根据机器人工件搬运的轨迹规划，本次任务的动作流程图如图 5-12 所示。机器人的动作过程中，夹具的夹紧和松开都需要延时 1～2s，由于夹具的夹紧和松开都需要时间，所以需要用到延时，如果不用延时，机器人将会一边打开夹具，一边移动，这样夹具会跟工具发生碰撞，容易损坏机器人和工件。延时的目的就是让机器人的夹具状态完全准备好，而不受移动的影响，一步一步执行才不会发生错误。

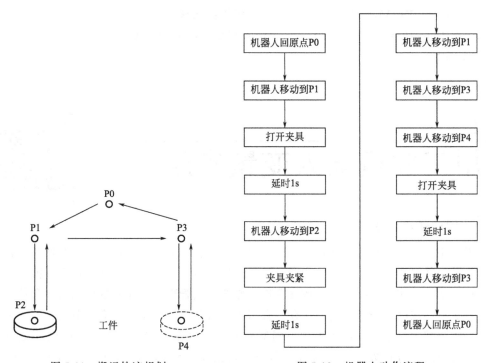

图 5-11　搬运轨迹规划　　　　图 5-12　机器人动作流程

（4）编程实现

在机器人硬件状态都准备好的情况下，根据机器人动作流程新建程序，完成程序的编写。由于前面已经介绍了程序的新建和指令的插入，这里不再赘述。机器人完成本次搬运任务的程序如下：

```
0000 NOP
0001 MOVJ VJ= 10.0 PL= 0          //将机器人移动到 P0 点
0002 MOVL V= 11.0 PL= 0           //将机器人移动到 P1 点
0003 DOUT OT#(1) OFF              //机器人抓手松开
0004 TIMER T= 1.00               //延时 1s
0005 MOVL V= 11.0 PL= 0           //将机器人移动到 P2 点
0006 DOUT OT#(1) ON               //机器人抓手夹紧
```

```
0007 TIMER T= 1.00              //延时 1s
0008 MOVL V= 11.0 PL= 0         //将机器人移动到 P1 点
0009 MOVL V= 11.0 PL= 0         //将机器人移动到 P3 点
0010 MOVL V= 11.0 PL= 0         //将机器人移动到 P4 点
0011 DOUT OT#(1) OFF            //机器人抓手松开
0012 TIMER T= 1.00              //延时 1s
0013 MOVL V= 11.0 PL= 0         //将机器人移动到 P3 点
0014 MOVL VJ= 10.0 PL= 0        //将机器人移动到 P0 点
0015 END
```

5.2
安川工业机器人变量应用

扫码看：用户变量的用法

5.2.1 用户变量介绍

安川工业机器人用户变量在程序中被应用于计数、演算、输入信号的临时保存等，在程序中可自由定义。多个程序可以使用同一用户变量，所以可用于程序间的信息互换。

用户变量的具体用途有：工件数量管理、作业次数管理、程序间的信息接收和传递。另外，用户变量值在电源断开后仍可保存。安川工业机器人的数据形式有字节型、整数型、双精度型、实数型、文字型、位置型。不同型号的安川机器人数据可以保存的值的范围不一样，具体范围请参考相关型号机器人说明书，这里以 DX200 为例，用户变量的数据形式、表示方式、数据范围如表 5-2 所示。

表 5-2　DX200 用户变量

数据形式	变量序号（数量）	功能
字节型	B000 ～B099（100 个）	可以保存的值的范围是 0 ～ 255 可以保存输入输出的状态 可以进行逻辑演算（AND、OR 等）
整数型	I000 ～I099（100 个）	可以保存的值的范围是 −32768 ～ 32767
双精度型	D000 ～ D099（100 个）	可以保存的值的范围是 −2147483648 ～ 2147483647
实数型	R000 ～ R099（100 个）	可以保存的值的范围是 −3.4E+38 ～ 3.4E38 精度 1.18E−38 < x ≤ 3.4E38
文字型	S000 ～S099（100 个）	可以保存的文字是 16 个字
位置型	P000 ～P127（128 个）	可以用脉冲型或 XYZ 型保存位置数据
	BP000 ～BP127（128 个）	XYZ 型的变量在移动命令时作为目的地的位置数据使用，在平行位移命令时作为增分值使用
	EX000 ～EX127（128 个）	不能使用示教线坐标

> 📎 **说明** ① 再现速度 V
>
> MOVL V＝I000
>
> 在此移动命令中，速度 V 使用的是变量 100，V 单位是 0.1mm/s。
>
> 例如：若 I000 设定为 1000
>
> I000＝1000→V 单位是 0.1mm/s→V＝100.0mm/s。
>
> 请注意，根据单位，变速的值和实际速度的值会不一致。
>
> ② 在线速度 VJ
>
> MOVJ VJ＝I000
>
> VJ 的单位是 0.01％。
>
> 例如，若对 I000 设定为 1000，
>
> I000＝1000→VJ 单位是 0.01％→VJ＝10.00％。
>
> ③ 计时器 T
>
> TIMER T＝I000
>
> T 单位是 0.01s。
>
> 例如，若对 I000 设定为 1000，
>
> I000＝1000→T 单位是 0.01s→T＝10.00s。

5.2.2 变量的设定

① 选择主菜单中的【变量】，显示可选择的变量。

② 选择变量，选择目的型的变量，这里选择字节型变量为例，如图 5-13 所示。

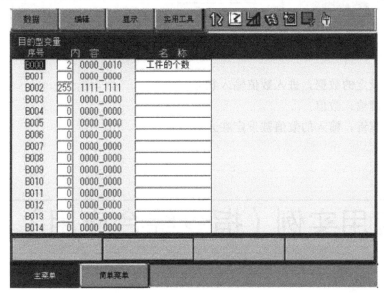

图 5-13　目的型变量设置画面

③ 移动光标到变量序号，当数字序号没有显示的时候，通过执行以下任一操作移动光标。

移动光标到变量序号处按下选择键，在数值输入处输入变量序号后按下回车键，如图 5-14 所示。

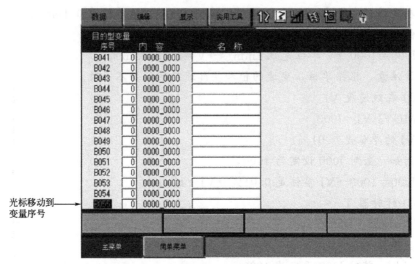

图 5-14　移动光标到变量序号处

移动光标到菜单区，选择【编辑】→【搜索】。在数值输入处输入变量序号后，按下回车键，光标移动到变量序号处，如图 5-15 所示。

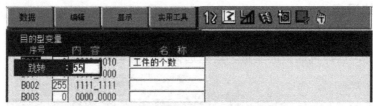

图 5-15　选择【编辑】→【搜索】查找变量

④ 选择要设定的数据，进入数值输入状态。

⑤ 用数值键输入数值。

⑥ 按下回车键，输入的数值被设定在光标位置。

5.3
码垛应用实例（指令综合应用）

5.3.1　指令介绍

（1）　SET 指令

① 指令功能　根据下面指令格式，该指令的功能是将数据 2 设定到数据 1。

② 指令说明

指令格式：SET ＜数据 1＞＜数据 2＞

其中数据 1 通常设置为变量，当设置为变量时的类型有：B＜字节型＞、I＜整数型＞、D＜双精度型＞、R＜实数型＞、P＜位置型＞、S＜文字型＞、BP＜位置型＞、EX＜位置型＞。数据 2 通常设置为常数，但也可以设置为变量，当设置为变量时的类型有：B＜字节型＞、I＜整数型＞、D＜双精度型＞、R＜实数型＞、S＜文字型＞。

③ 指令举例

例 1：SET B000 0

将 B000 设定为 0，也就是初始化 B000 为 0，不管 B000 原来的值是多少，将被 0 覆盖。

例 2：SET P000 P001

将位置型变量 P001 中的值设定到位置型变量 P000 中，变量 P001 的值保持不变，P000 中的值被改变成 P001 的值。

例 3：SET OT#(1) LOGICEXP (IN#(1) = ON AND IN#(2) = ON)

当通用输入信号的 1 号和通用输入信号的 2 号同时接通时，通用输出信号的 1 号才接通，否则其他任何情况下，通用输出信号的 1 号都断开。

例 4：SET FL0010 LOGICEXP (B000= 1 OR I000=1)

当 B000 的内容为 1，或者 I000 的内容为 1 时，FL0010 就接通。其他情况下，FL0010 断开。

④ 指令位置　SET 指令属于演算指令中的一个指令，要使用 SET 指令时，语言等级设置为子集命令集、标准命令集或扩展命令集都可以，SET 命令插入步骤如下：

a. 在程序编辑画面，按下示教器命令一览按键。

b. 通过示教器上下按键移动光标选择演算命令中的 SET 命令，如图 5-16 所示，按下选择键即可选择 SET 指令。

c. 将光标移动到命令输入栏的 SET 上，按选择键进入该命令的详细编辑页面，如图 5-17 所示。

d. 将光标移动到目标或者源后面的倒三角处，按下选择键选择该数据的变量类型，如图 5-18 所示。

e. 要改变源数据，也就是数据 2，将光标移动到数据位置，按下选择键，通过示教器数字键输入需要设置的数值，如图 5-19 所示。

安川工业机器人
操作与编程

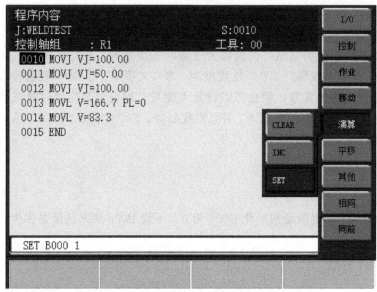

图 5-16　选择 SET 命令

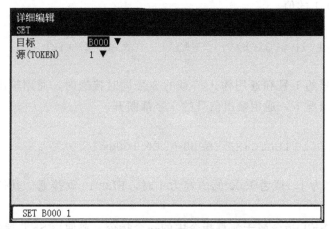

图 5-17　详细编辑页面

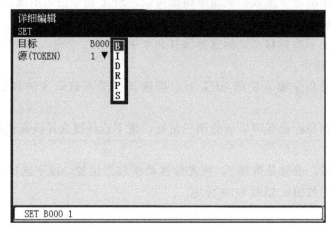

图 5-18　选择变量类型

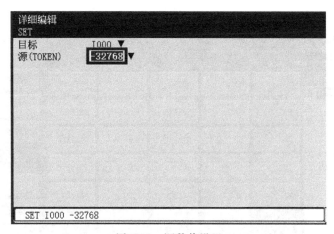

图 5-19　源数值设置

f. 源数据和目标数据设置完后，按下插入键，再按回车键完成该指令的插入。

（2）SUB 指令

① 指令功能　根据下面指令格式，该指令的功能是从数据 1 中减去数据 2，将结果保存至数据 1。

② 指令说明

指令格式：SUB ＜数据 1＞＜数据 2＞

其中数据 1 通常设置为变量，当设置为变量时的类型有：B＜字节型＞、I＜整数型＞、D＜双精度型＞、R＜实数型＞、P＜位置型＞、BP＜位置型＞、EX＜位置型＞。数据 2 通常设置为常数，但也可以设置为变量，当设置为变量时的类型有：B＜字节型＞、I＜整数型＞、D＜双精度型＞、R＜实数型＞、BP＜位置型＞、EX＜位置型＞。

③ 指令举例

例 1：SUB B000 10

从字节型变量 B000 的内容中减去 10，并将结果保存至 B000。

例 2：SUB P000 P001

从位置型变量 P000 的内容中减去 P001 的内容，将结果保存至 P000。

例 3：SUB I000 I001

从整数型变量 I000 的内容中减去 I001 的内容，将结果保存至 I000。

④ 指令位置　SUB 指令属于演算指令中的一个指令。使用 SUB 指令时，需将语言等级设置为标准命令集或扩展命令集，具体设置方法请参考 3.1.1"编程语言"章节中命令集的切换操作步骤。SUB 命令插入步骤如下：

a. 在程序编辑画面，按下示教器命令一览按键。

b. 通过示教器上下按键移动光标选择演算命令中的 SUB 命令，如图 5-20 所示，按下选择键即可选择 SUB 指令。

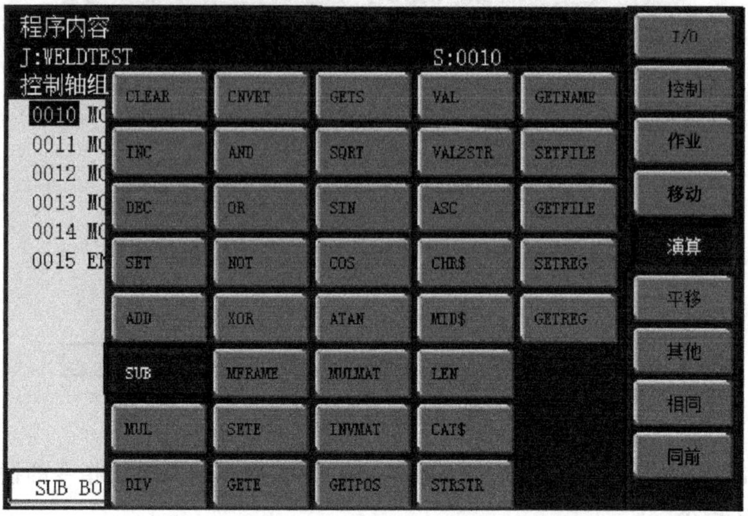

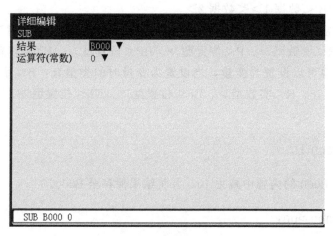

图 5-20 选择 SUB 命令

c. 将光标移动到命令输入栏的 SUB 上，按选择键进入该命令的详细编辑页面，如图 5-21 所示。

图 5-21 详细编辑页面

d. 将光标移动到目标或者源后面的倒三角处，按下选择键选择该数据的变量类型。

e. 要改变源数据，也就是数据 2，将光标移动到数据位置，按下选择键，通过示教器数字键输入需要设置的数值。

f. 源数据和目标数据设置完后，按下插入键，再按回车键完成该指令的插入。

（3）ADD 指令

① 指令功能 根据下面指令格式，该指令的功能是数据 1 和数据 2 相加，将结果保存至数据 1。

② 指令说明

指令格式：ADD <数据 1> <数据 2>

ADD 指令中数据 1、数据 2 的使用范围和 SUB 指令中的数据 1、数据 2 的使用一样，请参考 SUB 指令的说明，这里不再赘述。

③ 指令举例

例 1：ADD B000 10

字节型变量 B000 的内容加上 10，并将结果保存至 B000。

例 2：ADD P000 P001

位置型变量 P000 的内容加上 P001 的内容，将结果保存至 P000。

例 3：ADD I000 I001

整数型变量 I000 的内容加上 I001 的内容，将结果保存至 I000。

④ 指令位置　ADD 指令属于演算指令中的一个指令。使用 ADD 指令时，需将语言等级设置为标准命令集或扩展命令集，具体设置方法请参考 3.1.1"编程语言"章节中命令集的切换操作步骤。ADD 命令插入步骤跟 SUB 指令一样，请参考 SBU 指令插入步骤。

（4）INC 指令

① 指令功能　根据下面指令格式，该指令的功能是在指定变量的内容中加 1。

② 指令说明

指令格式：INC <变量>

INC 指令后面只能接变量，不能接常数，设置为变量时的类型有：B〈字节型〉、I〈整数型〉、D〈双精度型〉三种类型。

③ 指令举例

例 1：INC I043

整数型变量 I043 的内容加 1 后，将结果保存至 I043。相当于执行程序 ADD I043 1，结果一样。

例 2：SET B000 0
INC B000

首先初始化 B000 为 0，执行 INC 时，变量 B000 自加 1 并保存到 B000，这时 B000 为 2，这种情况一般用在自加或需要累积的场合。

④ 指令位置　INC 指令属于演算指令中的一个指令。使用 INC 指令时，需将语言等级设置为标准命令集或扩展命令集，具体设置方法请参考 3.1.1"编程语言"章节中命令集的切换操作步骤。INC 命令插入步骤如下：

a. 在程序编辑画面，按下示教器命令一览按键。

　　b. 通过示教器上下按键移动光标选择演算命令中的 INC 命令，如图 5-22 所示，按下选择键即可选择 INC 指令。

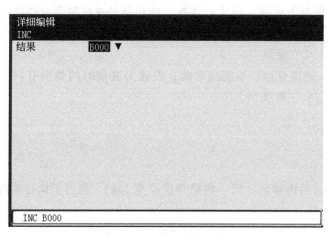

图 5-22　选择 INC 命令

　　c. 将光标移动到命令输入栏的 INC 上，按选择键进入该命令的详细编辑页面，如图 5-23 所示。

図 5-23　详细编辑页面

　　d. 将光标移动到结果后面的倒三角▼处，按下选择键选择该数据的变量类型。

　　e. 变量设置完后，按下插入键，再按回车键完成该指令的插入。

（5）JUMP 指令

① 指令功能　根据下面指令格式，该指令的功能是跳转至指定的标号或程序。

② 指令说明

指令格式：JUMP ＜添加项目 1＞ ＜添加项目 2＞

JUMP 指令后面可添加的项目分两种，项目 1 为指定跳转位置，可以是程序，可以是标签，也可以是变量。项目 2 为跳转条件，如图 5-24 所示。如果项目 1 是程序，可选择用户坐标系，也可是 IF 条件语句，只有达到条件时才跳转到指定位置。

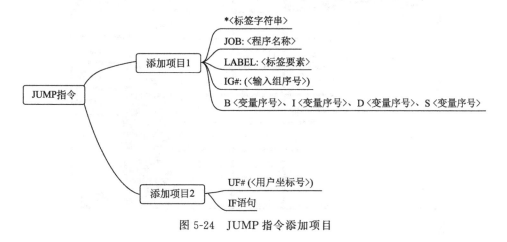

图 5-24　JUMP 指令添加项目

③ 指令举例

例 1：JUMP ＊ 1

执行程序跳转到标签 1 指定的程序位置。

例 2：JUMP JOB：TEST1 UF#(2)

程序跳转至 TEST1 程序执行。此时，TEST1 在用户的 2 号坐标系中运行。

例 3：SET B000 1
JUMP B000 IF IN#(14) ＝ ON

首先初始化 B000 为 1，当机器人的 14 号输入点接通时，执行程序跳转至程序 1 处。

④ 指令位置　JUMP 指令属于控制指令中的一个指令。JUMP 指令在机器人语言等级为子集、标准、扩展命令集时都可用，JUMP 命令插入步骤如下：

a. 在程序编辑画面，按下示教器命令一览按键。

b. 通过示教器上下按键移动光标选择控制命令中的 JUMP 命令，如图 5-25 所示，按下选择键即可选择 JUMP 指令。

c. 将光标移动到命令输入栏的 JUMP 上，按选择键进入该命令的详细编辑页面，如图 5-26 所示。

d. 将光标移动到跳转后面的 ＊ 号上，按下选择键选择跳转项目，如图 5-27 所示。

e. 以跳转程序为例，这里跳转项目选择 JOB，后面用键盘输入程序名，下面的条件项目可以设置用户坐标和 IF 条件，如图 5-28 所示。

f. 所有项目和目标数据设置完后，按下插入键，再按回车键完成该指令的插入。

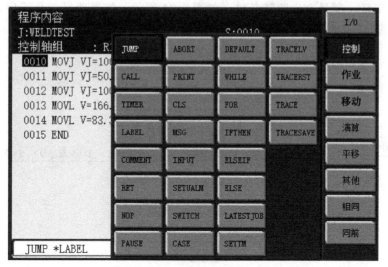

图 5-25　选择 JUMP 命令

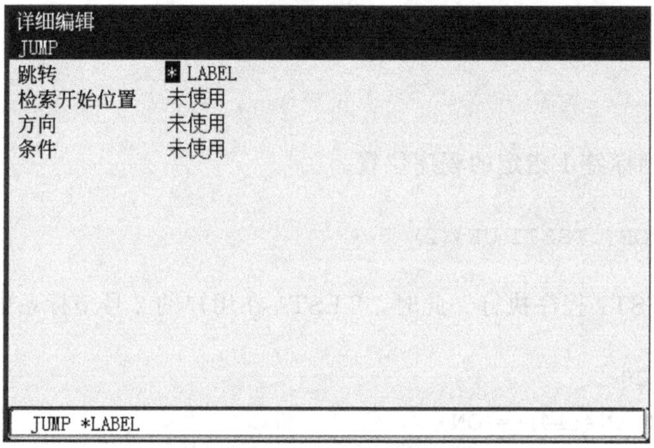

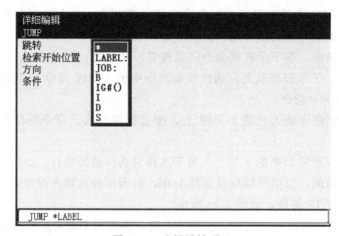

图 5-26　详细编辑页面

图 5-27　选择跳转项目

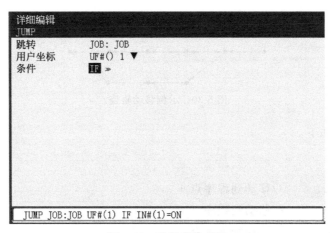

图 5-28　选择条件项目

（6）SFTON、SFTOF 平移指令

① 指令功能　SFTON 用来开始平行移动动作，平行移动量为各坐标系中的 X、Y、Z 增量值，设定在位置型变量中。SFTOF 用来结束平行移动动作。这两个指令要结合起来用，不能单独使用。

② 指令说明

指令格式：SFTON ＜添加项目 1＞＜添加项目 2＞
　　　　　SFTOF

SFTON 指令后面可添加的项目分两种，项目 1 为平行移动变量，可以是 P、BP、EX 三种位置型变量，项目 2 为机器人采用哪种坐标系进行平移，可以是基座坐标系 BF、机器人坐标系 RF、工具坐标系 TF、用户坐标系 UF，如图 5-29 所示。SFTOF 用来结束平行移动动作，配合 SFTON 一起使用，后面无需添加任何项目。

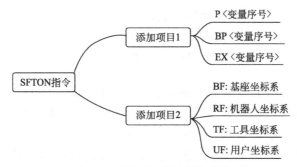

图 5-29　SFTON 指令添加项目

③ 指令举例　这里以图 5-30 中的移动轨迹为例，工业机器人要从程序点 1 移动到程序点 6，没有偏移前的移动轨迹为上方的实线轨迹，偏移后的移动轨迹为虚线轨迹，机器人从程序点 3 开始偏移，到程序点 5 偏移完，程序点 1 和程序点 6 不变。

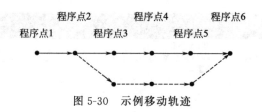

图 5-30　示例移动轨迹

偏移前的程序如下：

```
NOP
MOVJ VJ= 50.0        //移动到程序点 1
MOVL V= 138          //移动到程序点 2
MOVL V= 138          //移动到程序点 3
MOVL V= 138          //移动到程序点 4
MOVL V= 138          //移动到程序点 5
MOVL V= 138          //移动到程序点 6
```

偏移后的程序如下：

```
NOP
MOVJ VJ= 50.0        //移动到程序点 1
MOVL V= 138          //移动到程序点 2
SFTON P000 UF#(1)    //开始以位置型变量 P000 中设置的 X、Y、Z 值在第 1 个用
                       户坐标系中平移
MOVL V= 138          //移动到程序点 3
MOVL V= 138          //移动到程序点 4
MOVL V= 138          //移动到程序点 5
SFTOF                //偏移结束
MOVL V= 138          //移动到程序点 6
```

④ 指令位置　SFTON 指令属于平移指令中的一个指令，SFTON 指令在机器人语言等级为子集、标准、扩展命令集时都可用，SFTON 命令插入步骤如下：

a. 在程序编辑画面，按下示教器命令一览按键。

b. 通过示教器上下按键移动光标选择平移命令中的 SFTON、SFTOF 命令，如图 5-31 所示，按下选择键即可选择 SFTON 指令。

c. 将光标移动到命令输入栏的 SFTON 上，按选择键进入该命令的详细编辑页面，如图 5-32 所示。

d. 光标在默认位置型变量 P000 上时，按下选择键进入变量输入对话框，用示教器数字按键输入想要设置的平移变量，如图 5-33 所示。

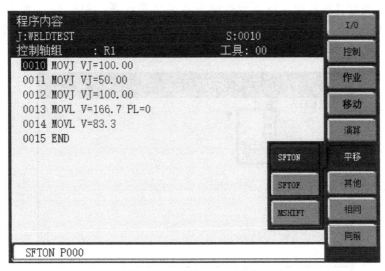

图 5-31　选择 JUMP 命令

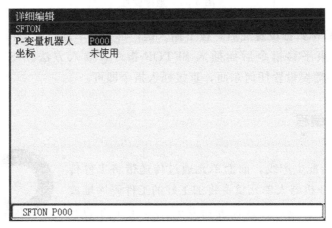

图 5-32　详细编辑页面

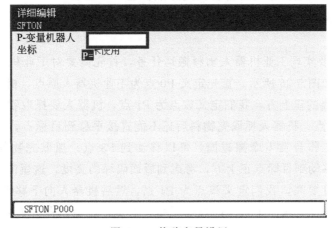

图 5-33　偏移变量设置

e. 将光标移动到坐标后面，按下选择键进入坐标系选择，如图 5-34 所示。这里如果选择用户坐标系 UF#()，则还需要设置后面括号内的数字，该数字表示第几个用户坐标系，如果选择的坐标系是 BF、RF、TF，则不需要进行其他设置。

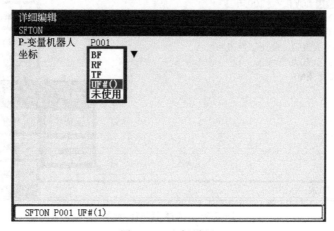

图 5-34　坐标设置

f. 所有项目和目标数据设置完后，按下插入键，再按回车键完成该指令的插入。要想结束平移，需要在结束平移指令后面插入 SFTOF 指令，插入方法跟 SFTON 一样，并且 SFTOF 指令后面不需要设置任何东西，直接插入指令即可。

5.3.2　码垛应用编程

（1）任务描述

有一条自动化装配生产线，前面单元通过传送带将工件传输到末端 A 点，工业机器人单元负责将加工好的工件码垛堆放到一起放入指定位置 B 点，此次任务需要完成 5 个工件的码垛，如图 5-35 所示。

图 5-35　码垛示意

完成码垛任务后工业机器人需自动回到原点位置，工业机器人和工件、周边设备不能发生碰撞。

（2）任务分析

① 轨迹规划　要实现工业机器人物料搬运任务，首先需要对工业机器人的移动轨迹进行规划，轨迹规划如图 5-36 所示。首先定义 P0 点为工业机器人原点，机器人先移动到原点 P0。然后移动到物料的正上方，我们定义该点为 P1 点，机器人要抓取物料需要移动到物料处，定义该点为 P2 点。机器人抓取完物料后还不能直接平移到目标点，需要向上平移一段距离，以免物料跟工作台发生摩擦碰撞，可以移动到 P3 点。抓取完物料要放回目标点之前，需要将机器人移动到目标点正上方，考虑到后面码垛的高度，这里的高度至少要比 5 个物料码垛起来的高度要高，我们定义该点为 P4 点，然后机器人向下移动到目标点 P5，P5 点不能挨着工作台，至少比一个工件的高度要高一点点，以免机器人抓着工件碰撞工作台。机器人放下物料后先向物料正上方移动一段距离，这里直接返回 P6 点，然后机器人重新回

到工件上方（P7）点抓取第 2 个工件，如此循环，直到完成 5 个工件的码垛任务后自动返回原点位置 P0 点，此时机器人走完所有轨迹。

② 动作流程 要实现机器人自动码垛工件，需要完成程序编写。在程序编写之前先分析工业机器人的动作流程。根据机器人工件码垛的轨迹规划，本次任务的动作流程图如图 5-37 所示。机器人的动作过程中，夹具的夹紧和松开都需要延时 1~2s，因为夹具的夹紧和松开需要时间。如果不延时，机器人将会一边打开夹具，一边移动，这样夹具会跟工具发生碰撞，容易损坏机器人和工件。延时的目的就是让机器人的夹具状态完全准备好，而不受移动的影响，一步一步执行才不会发生错误。

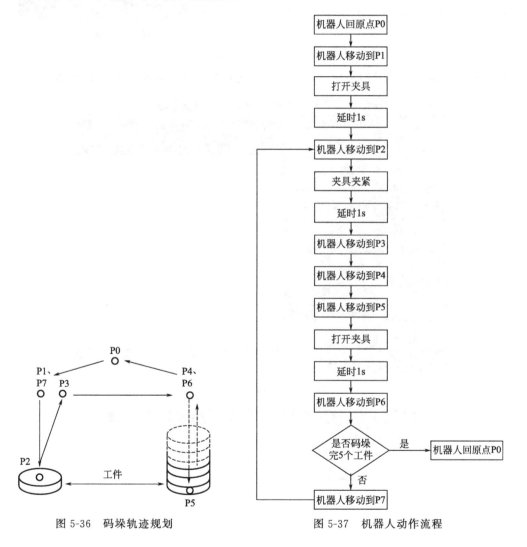

图 5-36 码垛轨迹规划   图 5-37 机器人动作流程

（3）程序编写

在编写码垛程序之前，需要了解工业机器人末端夹具的硬件接线，是通过机器人哪个输出口控制的，机器人码垛硬件接线和前面介绍的机器人搬运实例是一样的，具体请参考 5.1 "工业机器人搬运实例编程"。

在机器人硬件状态都准备好的情况下，根据机器人动作流程新建程序，由于码垛任务要用到偏移指令SFTON，所以需要先设置偏移变量。这里以位置型变量 P001 为偏移变量，由于码垛每次都是堆放一个工件，所以平移的高度为一个工件的高度，工件的高度测量为 20mm，测量如图 5-38 所示。

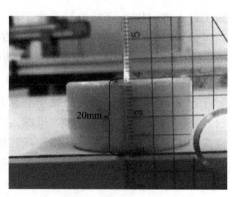

图 5-38　工件测量

工件的偏移为 Z 轴正方向，所以位置型变量 P001 只需设置 Z 轴即可，设置步骤如下：

a. 打开示教器主菜单中的变量，选择位置型变量，如图 5-39 所示。

b. 按下示教器翻页按键翻到 P001 变量的设置画面，按下选择键选择该变量的坐标系，这里我们选择机器人坐标系，如图 5-40 所示。

图 5-39　选择位置型变量

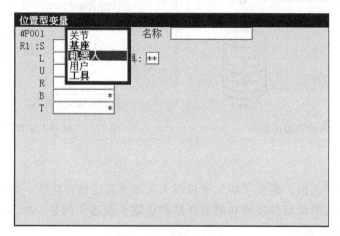

图 5-40　选择坐标系

c.将光标移动到 Z 轴，按下选择键，通过示教器键盘输入 20，按下回车键完成设置，如图 5-41 所示。

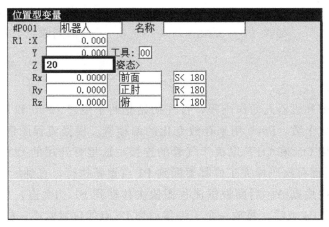

图 5-41　设置 Z 轴数据

变量设置完成即可新建程序，完成本次程序的编写，机器人完成本次码垛任务的程序如下：

序号		程序命令	注释
0000		NOP	
0001		SET B000 0	//初始化 B000 为 0
0002		SUB P000 P000	//初始化 P000 为 0
0003	0001	MOVJ VJ= 5.00	//回到原点
0004		DOUT OT# (1) ON	//夹具打开
0005		* A	//设置程序跳转点
0006	0002	MOVL V= 93.0	//移到 P1 点
0007	0003	MOVL V= 93.0	//移到 P2 点
0008		DOUT OT# (1) OFF	//夹紧物料
0009		TIMER T= 1.00	//延时 1s
0010	0004	MOVL V= 93.0	//移到 P3 点
0011	0005	MOVL V= 93.0	//移到 P4 点
0012		SFTON P000 UF# (1)	//开始偏移
0013	0006	MOVL V= 93.0	//移到 P5 点
0014		DOUT OT# (1) ON	//松开物料
0015		TIMER T= 1.00	//延时 1s
0016		SFTOF	//偏移结束
0017	0007	MOVL V= 93.0	//移到 P6 点
0018		ADD P000 P001	//偏移量 P000 增加

```
0019   0008      MOVL V= 93.0          //移到 P7 点
0020             INC B000              //物料计数值加 1
0021             JUMP * A IF B000< 5   //当物料小于 5 个，跳转到 A
0022   0009      MOVJ VJ= 5.00         //回到原点 P0
0023             END
```

（4）程序解读

根据轨迹规划图和机器人动作流程，首先初始化两个变量 B000 和 P000 为 0，B000 用来计数工件码垛完成个数，P000 用来存放变化的偏移量。根据流程图依次移动到原点，打开夹具。打开夹具用 ON 和 OFF 取决于气管的连接，这里打开用的 ON。由于从机器人移动到 P1 点开始，后面每次码垛完工件都要回到 P1 点重新执行，直到结束，所以从 0005 行程序开始设置程序挑战点 A。后面根据流程图依次移动到 P1、P2 点，夹紧工件、延时 1s，移到 P3、P4 点。从 P4 点后，每放一个工件移动到 P5 点的位置就不一样，这里用偏移变量 P000 进行位置偏移，第一次移动到 P5 点不需要偏移，所以程序开始初始化 P000 为 0，也就是第一次不偏移。程序接着移动到 P5，打开夹具，延时 1s 后用 SFTOF 命令结束 P5 点的偏移。接着移动到 P6 点，用 ADD 命令完成 P000 偏移量的增加，第一次增加一个工件的高度，机器人继续移动到 P7 点，通过变量 B000 自加 1 来实现搬运完成工件的计数。最后判断搬运的工具数量是否小于 5 个，若小于 5 个，则跳转到程序的 A 处继续执行下一个工件的码垛工作，下一个工件的偏移量就是在原来的基础上加 P001 的数值，也就是下一次 P5 点的位置为上一个工件的放置位置加工件的高度，依次类推，直到完成 5 个工件的码垛工作，则最后的跳转命令条件不成立，程序执行结束。

5.4
用 PLC 远程控制安川工业机器人运行

5.4.1 安川工业机器人远程控制介绍

（1）动作模式

DX200 的动作模式有"示教模式""再现模式""远程模式"。

① 示教模式　在该模式下，可进行程序编辑或示教，修改已登录的程序。另外，也可在该模式下设定各类特性文件或参数。

② 再现模式　该模式可再现示教完的程序。

③ 远程模式　该模式下，可通过外部输入信号，进行接通伺服电源、启动、调出主程序、循环的操作。在远程模式下，可通过外部输入信号来进行操作。此时，示教编程器的【启动】按钮将失效。在远程模式下，可使用数据传输功能（可选）。

三种动作模式中，示教模式和再现模式操作机器人伺服准备、START、更改程序、调用主程序都是通过示教编程器来完成，而远程模式都是通过外部输入信号来完成的，各操作如表 5-3 所示。在示教模式下，无法通过【START】进行再现操作，也无法通过外部输入信号进行操作。

表 5-3　三种模式的操作

操作	模式		
	示教模式	再现模式	远程模式
伺服准备	示教编程器	示教编程器	外部输入信号
START	无效	示教编程器	外部输入信号
更改循环	示教编程器	示教编程器	外部输入信号
调用主程序	示教编程器	示教编程器	外部输入信号

（2）机械安全端子台基板

DX200 的机械安全端子台基板（JANCD-YFC22-E）是为了连接安全输入输出信号等专用外部信号的端子台基板。例如机器人的安全栏、机器人外部急停、机器人的远程控制信号等都是连接机械安全端子台基板。

机械安全端子台基板是插在机械安全 I/O 逻辑基板（JANCD-YSF22B-E）上的，如图 5-42 所示。

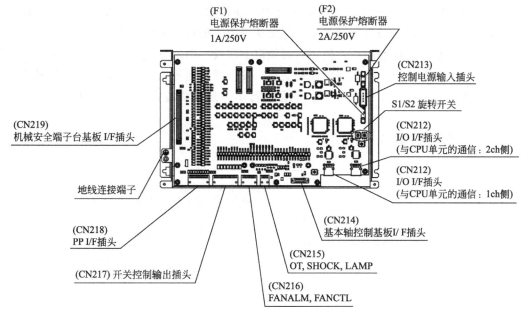

图 5-42　机械安全 I/O 逻辑基板（JANCD-YSF22B-E）

机械安全端子台基板的连接端子有 100 个，这里只列出常用的几个，对应的连接端子样表如表 5-4 所示。

表 5-4 连接端子样表

信号名称	连接编号 JANCD-YFC22-E	内容	出厂设定
SAFF1+ SAFF1− SAFF2+ SAFF2−	−1 −2 −3 −4	安全插销 　如果打开安全栏的门,用此信号切断伺服电源,连接安全栏门上的安全插销的联锁信号 　如输入此联锁信号,则切断伺服电源,当此信号接通时,伺服电源不能被接通 　注意这些信号在示教模式下无效	用跳线短接
EXESP1+ EXESP1− EXESP2+ EXESP2−	−5 −6 −7 −8	外部急停 　用来连接一个外部操作设备的外部急停开关 　如果输入此信号,则伺服电源切断并且程序停止执行 　输入信号时伺服电源不能被接通	用跳线短接
EXHOLD+ EXHOLD−	−19 −20	外部暂停 　用来连接一个外部操作设备的暂停开关 　如果输入此信号,则程序停止执行 　当输入该信号时,不能进行启动和轴操作	用跳线短接
EXSVON+ EXSVON−	−21 −22	外部伺服 ON 　连接外部操作机器等的伺服 ON 开关时使用 　通信时,伺服电源打开	打开

① 安全插销　打开安全栏,关闭伺服电源。连接安装到安全栏上的安全插销等联锁信号。若输入联锁信号,伺服电源会关闭,且无法开启,但在示教模式下无效。

由于机器人出厂时配有跳线,使用时必须取下跳线。不取下跳线,即使输入了外部急停信号也无效,此时会造成人身伤害或设备受损。安全插销信号为 2 个重复信号,信号不一致时会发出报警。但是,在示教模式下,不会进行不一致报警检测,只有在再现模式下才会进行。

安全插销的连接如图 5-43 所示。

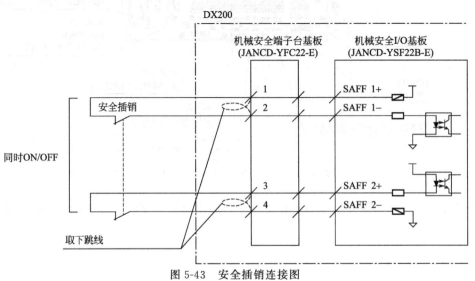

图 5-43 安全插销连接图

　　机器人的周边设有安全栏和具有联锁功能的安全开关，不打开门，作业人员就不能进入，打开门后，机器人停止作业，安全插销的输入信号连接联锁信号。安全插销设置图如 5-44 所示。

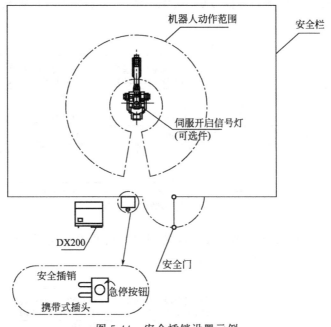

图 5-44　安全插销设置示例

　　输入联锁信号，关闭伺服电源（信号输入时，无法接通伺服电源）。但是在示教模式下，伺服电源不会关闭（即使信号输入时，也能接通伺服电源）。

　　② 外部急停　机器人连接外部操作设备等的急停开关时使用。输入信号，关闭伺服电源，停止程序执行。信号输入时，无法接通伺服电源。由于机器人出厂时配有跳线，使用时必须先取下跳线。不取下跳线，即使输入了外部急停信号也不会起作用，会造成人身伤害或设备损坏。

　　外部紧急停止的连接如图 5-45 所示。

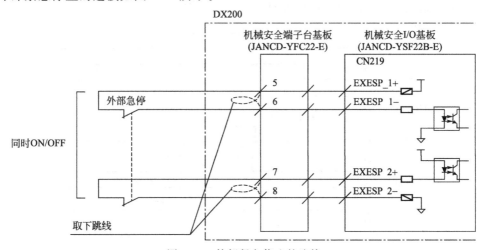

图 5-45　外部紧急停止的连接

③ 外部暂停 连接外部操作设备等的暂停开关时使用。输入信号，停止程序。信号输入时将无法开始作业和进行轴操作。由于机器人出厂时配有跳线，使用时必须先取下跳线。不取下跳线，即使输入了外部急停信号也不会起作用，会造成人身伤害或设备损坏。

外部暂停的连接如图 5-46 所示。

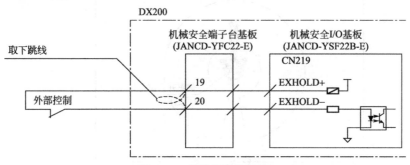

图 5-46 外部暂停的连接

④ 开启外部伺服 连接外部操作设备等的伺服开启开关时使用。输入信号，开启伺服电源。外部伺服开启的连接如图 5-47 所示。

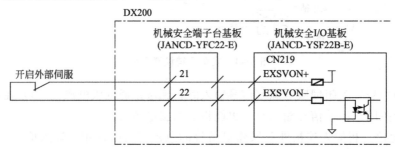

图 5-47 外部伺服开启连接图

（3）远程控制 I/O

要远程控制安川工业机器人启动、自动运行，需要了解安川机器人远程启动的原理。这里以 DX200 机器人的启动时序图进行说明，如图 5-48 所示。

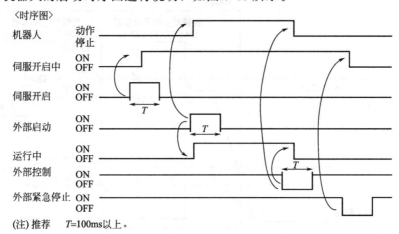

图 5-48 DX200 机器人启动时序图

从时序图可以看出，要让机器人开始动作，第一步就是要打开伺服，机器人接收伺服开启信号，半个周期后机器人输出伺服开启中信号。这时机器人还没有开始动作，直到机器人接收到外部启动信号，机器人开始动作。这里机器人同时输出运行中信号，这个信号代表机器人程序处于运行中，直到机器人接收到外部暂停信号，机器人运行停止，但机器人伺服还是保持接通状态，只是程序没有运行，直到机器人接收到外部急停信号，机器人的伺服才会断开。

这里用到的机器人专用输入信号有外部伺服接通（伺服开启）、外部暂停、外部启动、外部急停；专用输出信号有伺服开启中（伺服接通）、运行中。

前面已经介绍了外部伺服接通（伺服开启）、外部暂停、外部急停等信号，这些信号在机械安全端子台基板 CN219 上。这里介绍一下外部启动、伺服开启中（伺服接通）、运行中、主程序调出等信号，这些信号在前面已经介绍的 JANCD-YIO21-E（CN308 插头）上，CN308 插头 I/O 分配如图 5-49 所示。

其中外部启动、伺服开启中（伺服接通）、运行中、主程序调出等信号的说明如表 5-5 所示。

逻辑编号	插针编号	名 称	信号
		CN308插头	
20010	B1	外部启动	IN
20011	A1	—	IN
20012	B2	主程序调出	IN
20013	A2	报警/错误复位	IN
20014	B3	—	IN
20015	A3	再现模式的选择	IN
20016	B4	示教模式的选择	IN
20017	A4	—	IN
20020	B5	禁止进入干涉区1	IN
20021	A5	禁止进入干涉区2	IN
20022	B6	禁止作业	IN
20023	A6	—	IN
	B7	024VU	
	A7	024VU	
30010	B8	运行中	OUT
30011	A8	伺服接通中	OUT
30012	B9	主程序首项	OUT
30013	A9	发生报警/错误	OUT
30014	B10	电池报警	OUT
30015	A10	远程模式选择	OUT
30016	B11	再现模式选择	OUT
30017	A11	示教模式选择	OUT
30020	B12	立方体1内	OUT
30021	A12	立方体2内	OUT
30022	B13	作业原点	OUT
30023	A13	可中途启动(连续程序)	OUT

图 5-49　CN308 插头 I/O 分配

表 5-5　专用信号一览表

逻辑编号	输入名称	功能	信号类别
20010	外部启动	与示教编程器的【START】功能相同 只有在启动时有效，机器人开始运行（再现） 但是，外部启动被禁止时无效 该项在再现条件画面中进行设定	输入信号
20012	主程序调出	该信号只有在启动时有效，机器人程序的首项，即作为主程序（1）的首项将被调出 但在再现、示教中、正在演示的主程序无法调出 画面调用禁止（通过操作条件画面设定）时无效	输入信号
30010	运行中	提示程序正在执行中 该信号与示教编程器的【START】功能相同	输出信号

逻辑编号	输入名称	功能	信号类别
30011	伺服接通中	提示伺服电源接通,创建当前位置等内部处理已完成,进入可接受启动命令的状态。关闭伺服电源,该信号也会随之关闭 用于从外部启动时判断 DX200 的状态	输出信号

5.4.2 用 S7-300PLC 远程控制安川工业机器人运行

（1） PLC 和机器人的硬件接线

① I/O 分配表　PLC 除了与机器人接线外,还要接启动按钮、停止按钮、中间继电器。PLC 连接外部设备的 I/O 分配如表 5-6 所示。

表 5-6　PLC 连接外部设备的 I/O 分配表

地址	功能	接线	地址	功能	接线
I0.0	运行程序中信号	B8	Q0.0	调用主程序	B2
I0.1	伺服启动中信号	A8	Q0.1	外部启动	B1
I0.2			Q0.2		
I0.3			Q0.3		
I0.4			Q0.4		
I0.5	急停按钮	SB1	Q0.5	伺服启动	K1
I0.6	启动按钮	SB2	Q0.6		
I0.7	停止按钮	SB3	Q0.7		

② 原理图　要用 PLC 完成安川工业机器人的远程控制,需要用 PLC 控制机器人的外部启动,PLC 与机器人之间的信号通过硬件传输,这里以西门子 S7-300PLC 为例,它们之间的硬件接线如图 5-50 所示。

原理图中 SB1 控制 PLC 的急停情况,SB2 和 SB3 分别控制机器人的启动和停止,Q0.0 输出控制机器人调用主程序信号,Q0.1 输出控制机器人外部启动信号启动机器人程序运行,Q0.5 控制一个中间继电器,通过中间继电器的一对常开触点来控制机器人伺服接通。机器人基板 CN308 的输出 B8 反馈运行程序中信号给 PLC,A8 反馈伺服启动中信号给 PLC。

机器人基板 CN308 的输出 B11 接的夹具电磁阀,通过电磁阀的得电与失电控制机器人夹具的夹紧与松开,机器人编程是通过 DOUT OT♯(1) ON 和 OFF 实现夹具的夹紧与松开。

（2） PLC 控制机器人运行程序

使用西门子 S7-300PLC 进行控制,PLC 软件程序编写步骤如下:

① 打开编程软件。在默认盘符 C：\ Program Files \ Siemens \ Automation \ Portal V14 \ Bin 中,选择【Siemens Automation Portal】图标,或是直接从【开始】菜单中进行选择【TIA Portal V14】,如图 5-51 所示。

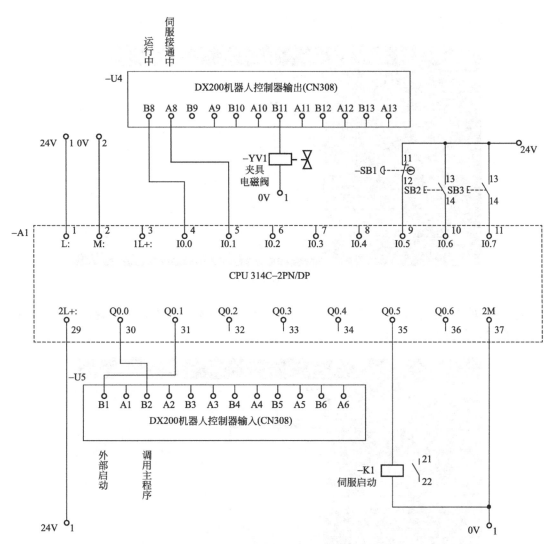

图 5-50　PLC 与机器人的硬件接线

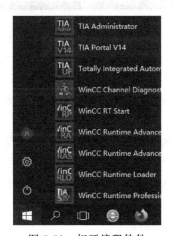

图 5-51　打开编程软件

② 点击【创建新项目】，修改项目名称为"练习"，如图 5-52 所示。

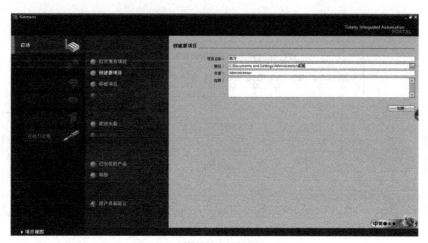

图 5-52　创建新项目

③ 通过单击【路径】选项后的【…】可以修改程序在硬盘中存储的位置，并标明作者、注释等信息，如图 5-53 所示。

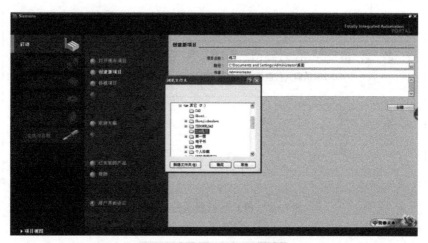

图 5-53　项目存盘

④ 项目名称、存储路径等信息填写完成后，点击【创建】按钮，创建项目，如图 5-54 所示。

⑤ 组态设备。组态的顺序一般是先对设备的硬件进行组态，再创建 PLC 程序。首先点击【组态设备】，如图 5-55 所示。

⑥ 添加 PLC 硬件，在出现的对话框里点击【添加新设备】，在【控制器】选项中选择【SIMATIC S7-300】，然后在 CPU 中选择【CPU 314C-2PN/DP】，设备订货号为【6ES7 314-6EH04-0AB0】，版本号为【V3.3】，该设备名称为【PLC＿1】，如图 5-56 所示。

⑦ 在图 5-56 中，点击【添加】出现一个新的对话框。点击 S7-300 的各个部分，对话框会出现不同的对应信息，如图 5-57 所示。

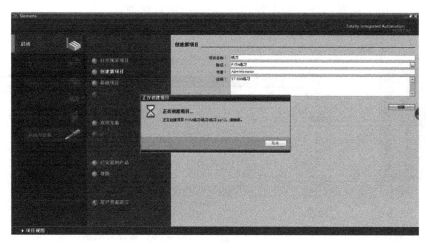

图 5-54　创建项目

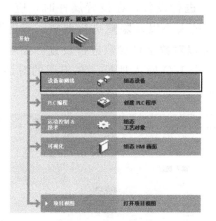

图 5-55　组态设备

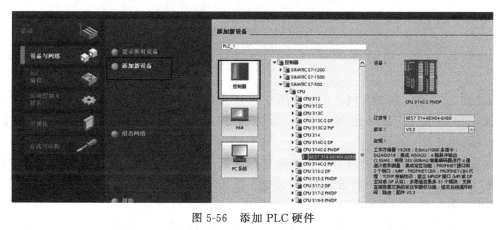

图 5-56　添加 PLC 硬件

点击图 5-57 中 1 所属部分，则出现如图 5-58 所示对话框。

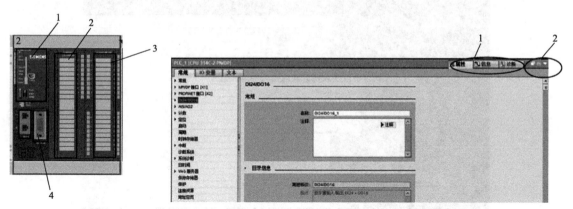

图 5-57　S7-300 的各个部分　　　　　　　　　　图 5-58　属性对话框

在这里可以对 PLC 的属性进行设置，在设置属性时，应选中图 5-58 内的"属性"，图 5-58 中 2 号框可以对该对话框的大小以及隐藏进行调整。点击图 5-57 中 3 所属区域，出现如图 5-59 所示对话框，这里可以对数字量参数进行设置。如果要更改 PLC 数字量输入输出的地址，则可以在此设置，点击 I/O 输入地址，在出现的对话画框内进行修改。如把输入输出的起始地址修改为 0 开始。

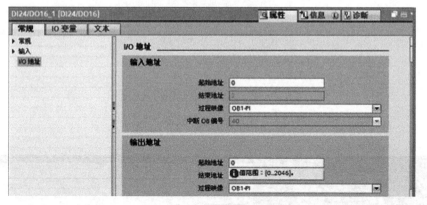

图 5-59　I/O 地址对话框

点击图 5-57 中 4 所属区域，出现如图 5-60 所示对话框，这里可以对以太网通信参数进行设置，如点击以太网地址，可以对以太网的地址进行设置，如把地址设置为 192.168.0.1。

⑧ 在设备概览里，也可以对一些参数进行设置，如地址参数，在【设备概览】对话框里找到"DI24/DO16 _ 1"，将后面的"I 地址"改为"0"，Q 地址也改为"0"。点击【设备概览】里的各个选项，下面也会出现对应的信息，如图 5-61 所示。

⑨ 点击设备下的【程序块】下的【Main（OB1）】，即可在右侧编写程序，如图 5-62 所示。

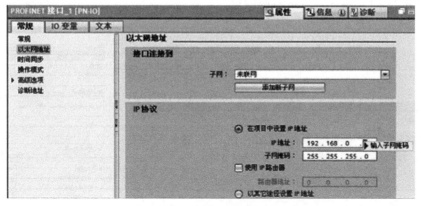

图 5-60　设置以太网地址

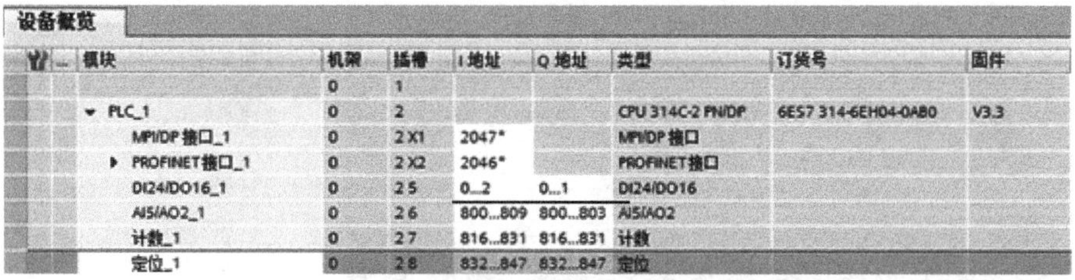

Y	...	模块	机架	插槽	I 地址	Q 地址	类型	订货号	固件
			0	1					
	▼	PLC_1	0	2			CPU 314C-2 PN/DP	6ES7 314-6EH04-0AB0	V3.3
		MPI/DP 接口_1	0	2 X1	2047*		MPI/DP 接口		
	▶	PROFINET 接口_1	0	2 X2	2046*		PROFINET 接口		
		DI24/DO16_1	0	2 5	0...2	0...1	DI24/DO16		
		AI5/AO2_1	0	2 6	800...809	800...803	AI5/AO2		
		计数_1	0	2 7	816...831	816...831	计数		
		定位_1	0	2 8	832...847	832...847	定位		

图 5-61　其他属性

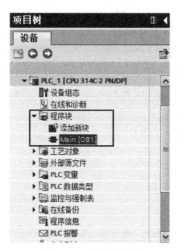

图 5-62　项目程序

⑩ 如需增加新的块，可双击图 5-62 中的【添加新块】，出现添加新块对话框，可以选择 "OB" "FB" "FC" "DB"，点击语言右侧的向下箭头，可以选择语言的类型，在这里可以选择 "LAD"，如图 5-63 所示。

⑪ 开始编写 PLC 程序，点击右侧的指令，可以选择指令，进行程序编写，如图 5-64 所示。

图 5-63　添加新块

图 5-64　选择指令编程

⑫ 编写完成后进行编译，如图 5-65 所示。

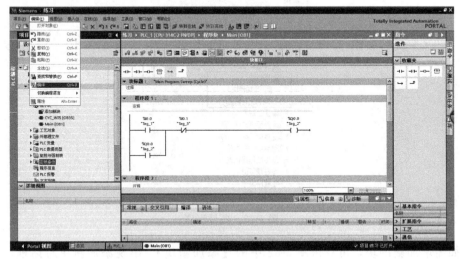

图 5-65　编译

⑬ 完全编写好程序后，将程序下载至 PLC 控制器，如图 5-66 所示。

⑭ 设备 PLC 通信接口，选择 PG/PC 端口类型为 "PN/IE"，并将选择框【显示所有可访问的设备】挑勾选中。若【目标子网中的兼容设备】中没有任何显示，可单击【刷新】进

行重新搜索兼容设备，如图 5-67 所示。

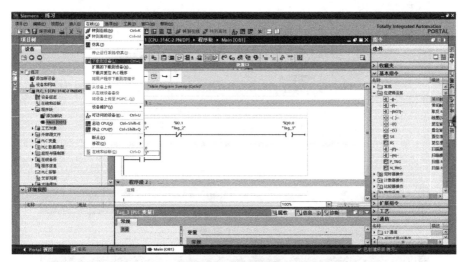

图 5-66　程序下载

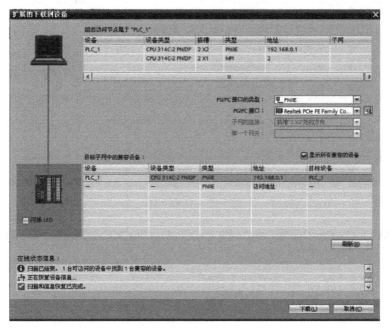

图 5-67　选择 PLC 端口

⑮ 选择可访问的设备，点击下载开始程序的下载。下载程序之前软件自动经行下载之前的编译组态，如图 5-68 所示。

⑯ 下载检查完成后，点击【下载】开始下载，如图 5-69 所示。

⑰ 下载完成后，点击【完成】，如图 5-70 所示。

图 5-68　下载编译

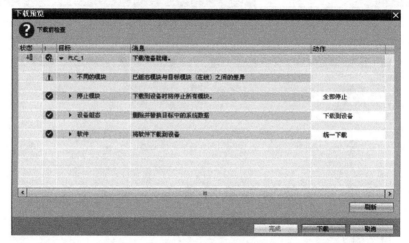

图 5-69　开始下载

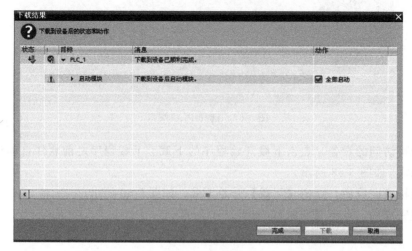

图 5-70　完成

⑱ 点击【转到在线】，当出现如图 5-71 所示 2 内的内容时，表示已经在线。

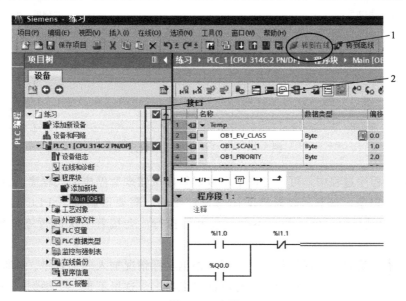

图 5-71　在线

⑲ 点击图 5-72 的 1 所示的图标，即可进行程序监控。

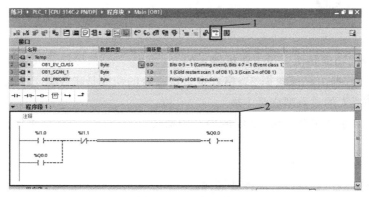

图 5-72　程序监控

（3）机器人程序远程控制运行调试

机器人的远程控制必须先设置好主程序，当机器人远程控制时，执行的是设置好的主程序。所以在 PLC 运行程序前第一步先将机器人主程序设置好，第二步将机器人的钥匙开关转到远程模式，机器人将处于等待状态，第三步运行 PLC 程序进行远程控制。

PLC 控制机器人的程序如图 5-73 所示。

从 PLC 的梯形图程序分析可知，当按下 PLC 启动按钮，I0.6 得电，常开触点闭合。根据 PLC 的扫描周期"从上到下，从左到右"的原则，Q0.0 线圈先得电，机器人调用主程序。Q0.5 得电，机器人伺服被远程接通，此时机器人还处于停止状态，直到 Q0.1 线圈得电，Q0.1 控制机器人外部启动信号，机器人开始执行主程序，直到程序结束。

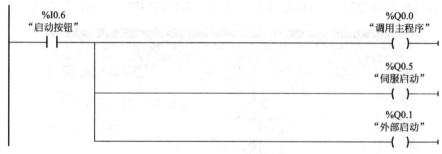

图 5-73   PLC 控制机器人程序

机器人执行程序过程中，可通过按下示教器暂停按钮来暂停机器人程序。这时如果需要继续启动机器人程序，按下示教器启动按钮是没用的，需要重新按下 PLC 启动按钮才行，重新按下 PLC 启动按钮机器人程序不会重头开始执行，会接着上次的暂停位置继续执行，直到程序结束。

这里只举了最简单的远程控制方式，可以根据实际情况加入外部暂停、外部急停等，也可以将机器人运行中、伺服启动中等信号反馈给机器人，这里不再一一举例，可根据自己需要完成。

思考与练习

1. 填空题

(1) DOUT 指令的功能是使安川工业机器人的＿＿＿＿＿＿信号接通或断开。

(2) 指令 SET ＜数据 1＞ ＜数据 2＞格式中，该指令的功能是将数据＿＿设定到数据＿＿。

(3) 安川工业机器人的整数型变量 I 是＿＿＿＿＿位。

(4) SUB B000 10 是从字节变量 B000 的内容中减去＿＿＿＿，并将结果保存至＿＿＿＿。

2. 单项选择题

(1) 搬运机器人作业编程主要是完成（　　）的示教。

　　①运动轨迹　　②作业条件　　③作业顺序

　　A. ①②　　　　B. ①③　　　　C. ②③　　　　D. ①②③

(2) TIMER T ＝ 2 指令中，后面数值 2 的单位是（　　）。

　　A. 毫秒　　　B. 秒　　　　C. 分　　　　D. 时

3. 判断题

(1) 关于搬运机器人的 TCP，吸盘类一般设置在法兰中心线与吸盘底面的交点处，而夹钳类通常设置在法兰中心线与手爪前端面的交点处。　　　　　　　　　　（　　）

(2) 关节式码垛机器人本体与关节式搬运机器人没有任何区别，在任何情况下都可以互换。

　　　　　　　　　　　　　　　　　　　　　　　　　　　　　　　　　（　　）

(3) 关于码垛机器人的 TCP 点，吸附式多设在法兰中心线与吸盘所在平面交点的连线上并延伸一段距离，这段距离等同于物料高度，而夹板式同抓取式，多设在法兰中心线与手爪前端面交点处。　　　　　　　　　　　　　　　　　　　　　　　　（　　）

第6章

安川工业机器人虚拟仿真应用

⌄

学习目标

⌄

⌃

知识目标

⌄

◎ 1. 了解离线编程的含义。
◎ 2. 了解 MotoSimEG-VRC 离线编程仿真软件功能。
◎ 3. 掌握焊接机器人系统创建及操作。

⌃

能力目标

⌄

◎ 1. 会手动创建机器人系统。
◎ 2. 能创建焊接机器人系统并进行编程操作。
◎ 3. 能根据创建的机器人系统进行离线仿真。

工业机器人离线编程技术是集机械、图形学、计算机等多门学科的一项技术，目前机器人离线编程软件主要集中在国外，国内在这方面起步较晚，整体水平还比较低。随着科学技术的不断发展和劳动力成本的不断上升，工业机器人已广泛应用于喷涂、五金打磨、石材雕刻等行业，因此迫切需要开发配套的离线编程软件来满足广大用户的需求。大量采用工业机器人离线编程软件，不仅可以大幅度提高劳动生产率，而且对保障人身安全、改善劳动环境、减轻劳动强度、提高产品的质量及降低生产成本有着重要的意义。

6.1
MotoSimEG‑VRC 虚拟仿真软件介绍

6.1.1　离线编程的定义

　　工业机器人编程方式主要分为在线示教编程和离线编程两种。在线示教编程指通过示教器直接操作机器人运动到指定的姿态和位置，并依次记录这些位置并保存为程序文件。离线编程则无须操作机器人，而是依据三维模型依次提取轨迹点的信息，并自动生成程序文件，通过控制器的数据接口将程序导入控制器。

　　下面针对这两种编程方式的特点进行比较，如表 6-1 所示。

表 6-1　在线示教编程和离线编程特点比较

项目	在线示教编程	离线编程
优点	① 通过直接操作机器人完成，所见即所得，非常直观 ② 简单易学，对编程人员要求不高	① 无须占用机器人的工作时间 ② 能根据工件几何特性自动生成运动轨迹，效率高，程序质量高 ③ 编程人员的工作环境相对安全
缺点	① 通常在线示教时间较长，效率低 ② 在线示教需要占用机器人的工作时间 ③ 在线示教由人工控制位置和姿态，不能充分考虑工件的几何特性	① 需要依靠运动仿真来验证程序 ② 其路径运行结果受机器人定位精度的影响较大 ③ 若要精通离线编程技术，需要掌握 CAD 相关基础知识

　　通过表 6-1 的比较可以看出，相比于在线示教编程，离线编程生成的代码有效性、编程灵活性、操作简便性方面都具有明显的优势。尤为重要的是离线编程改善编程人员的工作环境，避免了现场操作机器人时可能产生的危险，这在追求效率和人工成本的今天是必然的发展趋势。

　　离线编程的思路是：首先，将机器人工作环境通过三维模型在计算机上表示出来；其次，在建模的基础上，我们有了运动仿真的能力；然后我们可以对计算机上的虚拟机器人进行编程、仿真和修改；最后将编译好的程序应用在实际机器人上就可以了。

　　目前绝大多数的轨迹、位置和方向都可以使用离线编程系统生成。如图 6-1 所示，焊接机器人系统采用离线方式，通过计算机将作业条件、作业顺序和运动轨迹信息传递给机器人控制装置。

　　机器人离线编程系统是利用计算机图形学的成果，建立起机器人及其工作环境的几何模型，再利用规划算法通过对图形的控制和操作，在离线的情况下进行轨迹规划，通过对编程结果进行三维图形动画仿真，以检验

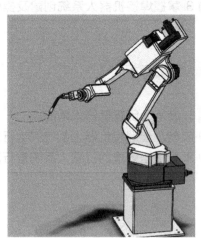

图 6-1　焊接机器人的离线仿真

编程的正确性，最后将生成的程序传到机器人控制柜，以控制机器人运动完成给定任务。

离线编程时可以不需要机器人，可预先优化操作方案及运行时间，可与传感器信息相配合，包含了 CAD 和 CAM 信息，可模拟实际运动，对不同的工作目的只需替换一部分待定的程序。但是离线编程所需的补偿机器人系统误差、坐标数据很难得到。

6.1.2 离线编程的基本流程

离线编程的基本流程包括环境建模、运动规划、运动仿真、代码生成与传输、现场确认等步骤。这里以焊接机器人的离线编程系统为例，描述离线编程系统的框架和流程，如图 6-2 所示。

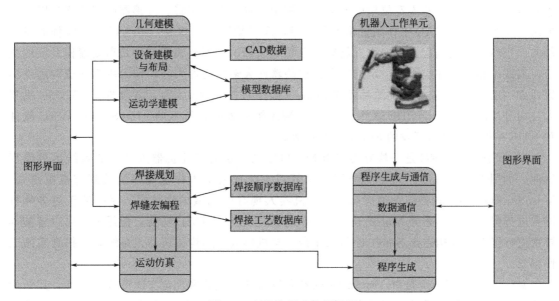

图 6-2 离线编程系统框架图

（1）机器人工作环境建模

首先是对环境中物体的几何建模，离线编程软件提供了专业建模软件接口，如 SolidWorks、UG 等，也就是图 6-2 中的 CAD 数据和模型库数据。模型库中包含了一部分机器人本体的数据，弥补了其在三维建模能力上的不足，通常工作台工件等非通用物体的建模需要自己创建。其次是将物体进行空间上的布局，实现对环境的完全模拟，这个过程要注意物体之间的相对位置。

（2）运动规划

包括位姿和路径两个方面内容，位姿要提高动作的精准性，尽量考虑实体机器人的系统误差等情况。路径主要考虑不要和环境中其他物体发生干涉碰撞，而且路径选择尽量合理，使任务完成更加有效。运动规划来源于任务相关的工艺数据库或运动学分析，可以在软件的图形界面显示出轨迹。

（3）运动仿真

运动仿真主要是进行碰撞检查，也能提供机器人完成任务的参数，例如动作时间等。这时就能在软件上直接观看到机器人运行的动画效果。

（4）生成可供控制器执行的运动代码

通过通信接口将运动代码载入到机器人中，图 6-2 中没有体现到的是代码优化的过程。

（5）运行机器人的现场确认

一个离线系统即便能做到极大程度上的仿真，也和实际系统有所偏差。这些偏差来源于温度、振动等诸多难以测量的影响因素，因此有必要在实际现场运行检查。

6.1.3 安川机器人虚拟仿真软件介绍

离线编程已被证明是一种有效的示教方式，可以增加安全性、减少机器人不工作的时间和降低成本。由于机器人定位精度的提高、控制装置功能的完善、传感器应用的增多以及图形编程系统所用的 CAD 工作站价格不断下降，离线编程迅速普及，成为机器人编程的发展趋向。当然，离线编程要求编程人员有一定的基础知识。离线编程软件是离线编程系统的核心，离线编程的软件也需要一定的投入，这些软件大多由机器人公司作为用户的选购附件出售，如 ABB 机器人公司开发的基于 Windows 操作系统的 RobotStudio 软件、FANUC 机器人公司开发的 ROBOGUIDE 软件、YASKAWA 机器人公司开发的 MotoSimEG-VRC 软件和 KUKA 机器人公司开发的 Sim Pro 软件等。

MotoSimEG-VRC 是一款专为安川 MOTOMAN 系列工业机器人开发的离线示教编程软件。利用 MotoSimEG-VRC 软件可在计算机上完成机器人作业程序的编制与模拟仿真。MotoSimEG-VRC 软件包含绝大部分安川机器人现有的机型结构数据，因此便于对多种机器人进行操作编程。另外 MotoSimEG-VRC 软件还提供了 CAD 功能，使用人员可以将基本要素进行组合从而构造出各种工件和工作台，与机器人一起构成机器人系统，模拟真实的工作场景。

MotoSimEG-VRC 是对 Motoman 机器人进行离线编程和实时 3D 模拟的工具。其作为一款强大的离线编程软件，能够在三维环境中实现 Motoman 机器人绝大部分功能，包括以下几点：

① 机器人的动作姿态可以通过六个轴的脉冲值或者工具尖端点的空间坐标值来显示，如图 6-3 所示。

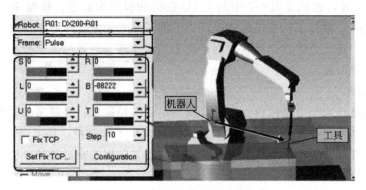

图 6-3　空间坐标值显示动作姿态

② 干涉检测功能能够及时显示界面中两数模的干涉情况，以及当机器人的动作超过设定脉冲值极限时，图像界面对超出范围的轴使用不同颜色来警告。

③ 可显示机器人动作循环时间。

④ 真实模拟机器人的输入输出（I/O）关系。具备机器人与机器人、机器人与外部轴之间的通信功能，能够实现协调工作。

⑤ 支持 3D CAD 文件格式建模，例如 STEP、HSF、HMF 等，如图 6-4 所示。

```
Model data (*.mdl;*.hmf;*.hsf;*.sat;*.igs;*.iges;*.stp;*.step;*.prt.*;*.asm.*;*.CATPart;*.CATProduct;*.SLDPRT;*.SLDASM;*.x_t;*.x_b;*.ipt;*.dxf;*.rwx;*.stl;*.wrl;*.3ds;*.ply)
MotoSimEG data(*.mdl)
HoopsMetaFile(*.hmf)
HoopsStreamFile(*.hsf)
Acis(*.sat)
Iges(*.igs;*.iges)
Step(*.stp;*.step)
ProE/CREO(*.prt.*;*.asm.*)
Catia(*.CATPart;*.CATProduct)
SolidWorks(*.SLDPRT;*.SLDASM)
Parasolid(*.x_t;*.x_b)
Inventor(*.ipt)
DXF(*.dxf)
RenderWare(*.rwx)
Standard Triangulated Language(*.stl)
VRML(*.wrl)
3D Model(*.3ds)
PLY(*.ply)
All(*.*)
```

图 6-4　支持的 3D CAD 文件格式

⑥ CAM 功能即自动示教功能，可结合三维数模及作业条件，自动生成机器人动作程序，即使工件是由复杂的空间曲线组成也可以应对。

MotoSimEG-VRC 软件主界面如图 6-5 所示。

菜单工具栏
工作窗口
浮动窗口
停靠窗口
示教窗口

图 6-5　软件主界面

6.2
手动创建机器人系统

扫码看：手动创建机器人系统

这里以安川工业机器人的仿真软件 MotoSimEG-VRC 建立一个弧焊单机工作站为例子，

来说明安川工业机器人系统在仿真软件中的创建。

（1）创建工作站

① 找到软件安装目录，默认安装目录是 C：\ Program Files \ MOTOMAN \ MotoSimEG - VRC 2019，进入该文件夹，找到可执行程序 MotoSimEG - VRC.exe，如图 6-6 所示，双击打开软件。

本地磁盘 (C:) › Program Files › MOTOMAN › MotoSimEG-VRC 2019 ›

名称 ^	修改日期	类型	大小
libpit2ssc.dll	2018/5/14 11:19	应用程序扩展	1,021 KB
MDL2HMF.exe	2006/7/10 11:08	应用程序	32 KB
ModelMakerCLI.dll	2019/2/13 11:39	应用程序扩展	4,472 KB
MotoCom32.dll	2007/10/31 15:01	应用程序扩展	140 KB
Motolk.dll	2020/2/12 23:00	应用程序扩展	30 KB
MotoLkr.dll	2011/12/15 7:01	应用程序扩展	3,932 KB
MotosimEGCellBuilder_EN.xls	2006/4/11 13:33	Microsoft Excel ...	205 KB
MotosimEGCellBuilder_JP.xls	2006/4/11 13:33	Microsoft Excel ...	199 KB
MotoSimEGCellBuilderReadMe.txt	2006/4/14 14:48	文本文档	3 KB
MotoSimEG-VRC.exe	2019/10/11 7:17	应用程序	25,706 KB
msegcom.dll	2019/2/13 11:37	应用程序扩展	3,972 KB
MUSCRL32.DLL	1995/12/11 16:16	应用程序扩展	23 KB
NSimFunction.ini	2012/3/15 11:36	配置设置	1 KB
OdOleSsItemHandler_4.3_14.tx	2018/5/14 11:22	TX 文件	56 KB

图 6-6　MotoSimEG - VRC 默认安装位置

② 点击左上角机器人图标，再点击【新建】，如图 6-7 所示。

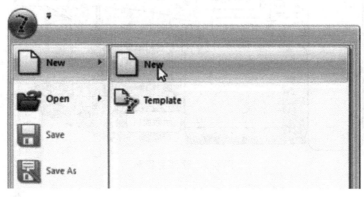

图 6-7　新建工作站

③ 出来新建对话框，选择要新建的工作站存放位置，使用默认位置无需更改，输入工作站名字，如图 6-8 所示，点击【打开】。

④ 工作站建立完成会出来如图 6-9 所示画面，该画面左下角有个世界坐标系，中间是一块空的绿地板，地板中间有中心点和地板坐标。

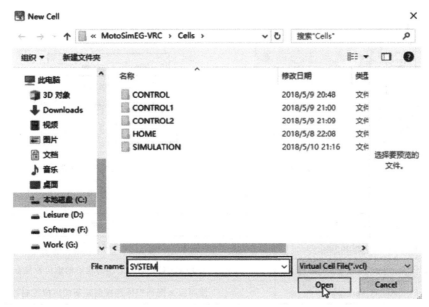

图 6-8　工作站命名

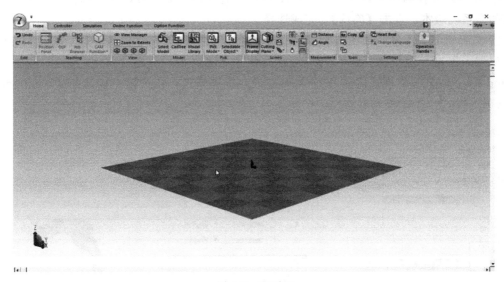

图 6-9　空项目

（2）添加工业机器人

上面已经完成机器人仿真工作站的创建，刚创建完的工作站还没有工业机器人和工作环境（3D 模型、工具等），添加工业机器人的步骤如下：

① 在【控制器】菜单下，点击【新建】，如图 6-10 所示。

② 出现如图 6-11 所示对话框，该对话框有三个选项，选项说明如表 6-2 所示，这里选择第一项【New VRC Controller（no file）】，点击【OK】。

图 6-10　新建控制器

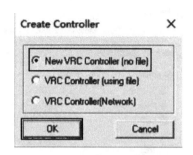

图 6-11　创建控制器选项

表 6-2　创建控制器选项说明

选项名称	选项说明
New VRC Controller(no file)	不使用 CMOS. BIN 文件创建新的虚拟控制器
VRC Controller(using file)	使用 CMOS. BIN 文件创建新的虚拟控制器
VRC Controller(Network)	使用以太网和柜体连接创建新的虚拟控制器

③ 出现新建控制器对话框，如图 6-12 所示，选择控制器型号，这里选择 DX200，下面对应的是系统版本，点击【确认】，完成选择。

④ 选择机器人本体，如图 6-13 所示，这里可以选择机器人示教器语言、机器人本体型号、机器人用途。这里选择语言为英语，本体为 MA1440，用途为弧焊，选择【Standard Setting Execute】(标准模式启动)，如果需要进入维护模式，也可以直接选择【Maintenance Mode Execute】(维护模式启动)。

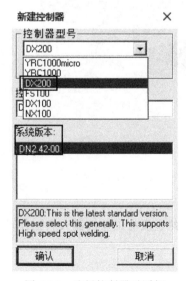

图 6-12　选择控制器对话框

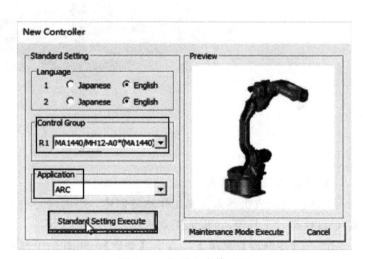

图 6-13　机器人本体选择

⑤ 标准模式启动后出现如图 6-14 所示画面，这时还没出现机器人本体，会出现英文版

示教器，出现机器人设置对话框。该对话框可以看到机器人型号，可以给机器人命名，也可以看到该机器人本体的模型文件目录，确认好机器人设置信息无误后，点击【OK】，机器人本体出现在绿地板中心，这时就可以通过示教器操作机器人动作了。

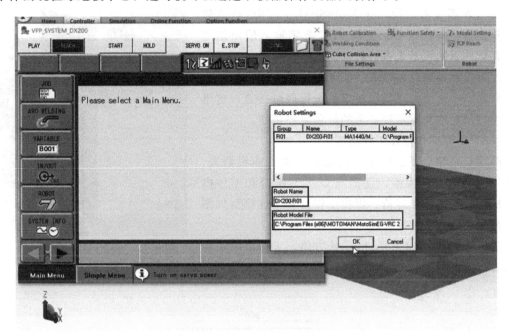

图 6-14　机器人设置对话框

⑥ 这里示教器只出现屏幕显示对话框，如图 6-15 所示。

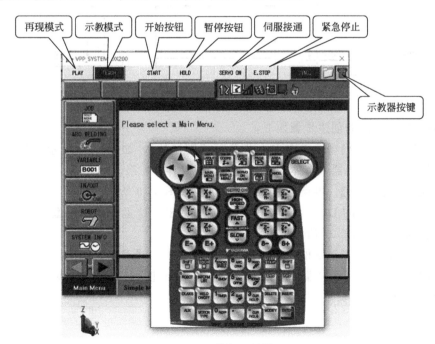

图 6-15　模拟示教器

要想显示示教器按键，只需点击右侧示教器按键即可。该示教器跟真实的示教器看着有点不一样，真实示教器的模式切换是使用钥匙开关选择，这里是用按键代替，要用哪种模式，点击该按键即可。这里没有远程模式，由于远程模式需要与外部设备通信，在 MotoSimEG-VRC 仿真软件里只能模拟外部信号，例如 PLC 数字输入输出信号跟仿真软件里的机器人进行数据通信。实际示教器在示教模式下接通伺服时需要按下伺服准备键＋安全开关，这里只需点击上面的【伺服接通】按钮即可接通，这里的急停按钮对应实际示教器上的红色急停按钮。

图 6-16　焊接工作台和工件模型

（3）创建工作台及工件模型

前面只是建立了工作站，添加完安川工业机器人，要想完成具体焊接模拟，还需有焊接工作台和工件模型，机器人还需添加焊枪。焊接工作台和工件模型如图 6-16 所示。

工作台为 600×400×600 的长方体，工件由两块薄板组成，需要经过弧焊完成角焊缝的焊接，如图 6-17 所示。

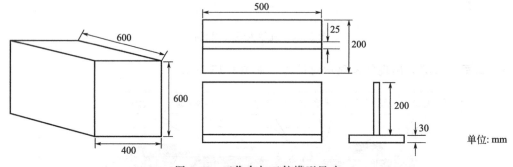

图 6-17　工作台与工件模型尺寸

工作台与工件模型的创建步骤如下：

① 首先创建工作台模型。点击主页菜单下【模型树】，如图 6-18 所示。仿真软件左边出来模型树列表，包含机器人本体、示教坐标系、世界坐标系、地板等。

② 鼠标点击【world】，再点击【Add】添加，如图 6-19 所示。

③ 出来【Add Model Dialog】（添加模型）对话框，这里需要给模型命名，输入名字，点击【OK】确定，如图 6-20 所示。

④ 命名后软件会出来对话框问是否创建新文件，点击【确定】创建，如图 6-21 所示。

⑤ 创建完成双击【BOX】如图 6-22 所示，出来模型类型选择对话框，这里选择【BOX】模型类型说明如表 6-3 所示。

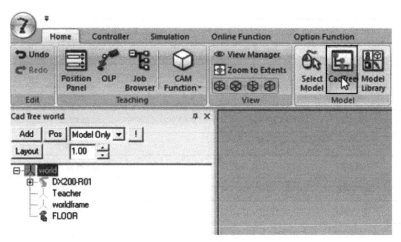

图 6-18 模型树列表

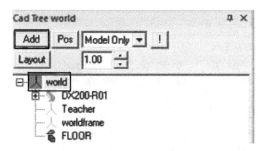

图 6-19 添加

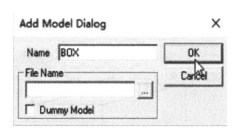

图 6-20 【添加模型】对话框

图 6-21 是否创建新文件

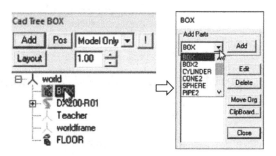

图 6-22 模型类型选择对话框

表 6-3 模型类型说明

模型名称	说明
BOX	矩形(原点在模型中心)
BOX2	矩形 2(原点在模型顶点)
CYLINDER	圆柱体

续表

模型名称	说明
CONE2	圆锥体
SPHERE	球体
PIPE2	空心管
AXIS6	坐标点
LINE	线段（连续）
LINE2	线段（两点一线）
CUBE	多面体
FLOOR	地面
FACE	曲面

⑥ 在出来的【BOX Edit】模型编辑对话框中输入工作台的相关尺寸和位置信息，如图 6-23 所示。

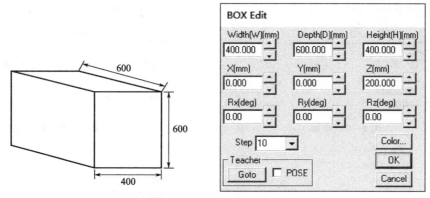

图 6-23　工作台模型编辑

⑦ 点击图中的【Color】可以设置模型的颜色，如图 6-24 所示。

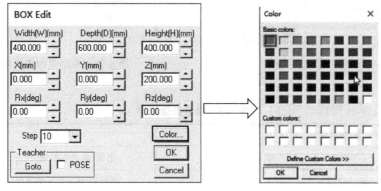

图 6-24　模型颜色设置

⑧ 设置完后点击【OK】，工作台插入完成，如图 6-25 所示，这里位置不是我们想要的位置，需要做一定调整。

⑨ 点击【BOX】，选择【Pos】位置，如图 6-26 所示。

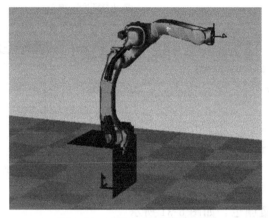

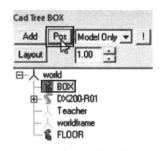

图 6-25　工作台插入完成效果　　　　　　　图 6-26　选择位置

⑩ 弹出【Position Box】（盒子位置设置）对话框，如图 6-27 所示，通过 XYZ 调整盒子位置，调整完点击【OK】完成设置。

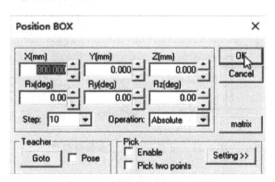

图 6-27　盒子位置设置对话框

⑪ 由于工件是在工作台上，所以在创建工件模型的时候是在 BOX 下面创建。选择【BOX】，点击【Add】，在 Name 处给工件命名，再点击【OK】，如图 6-28 所示。

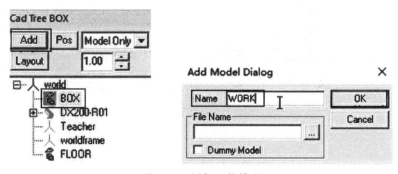

图 6-28　添加工件模型

⑫ 点击【确定】，确认创建新文件，如图 6-29 所示。

⑬ 其次创建工件模型。选择模型类型，如图 6-30 所示。

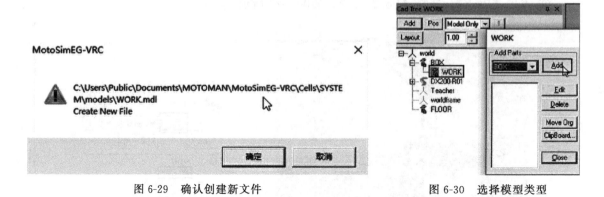

图 6-29　确认创建新文件

图 6-30　选择模型类型

⑭ 根据工件模型尺寸设置参数，设置颜色，如图 6-31 所示。

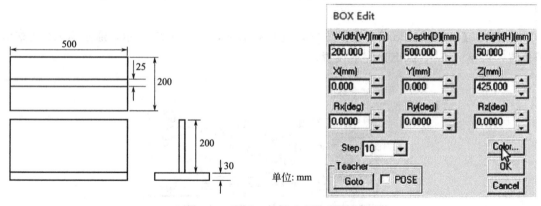

图 6-31　设置工件尺寸参数和颜色

⑮ 再添加工件模型的另一部分，设置参数如图 6-32 所示。

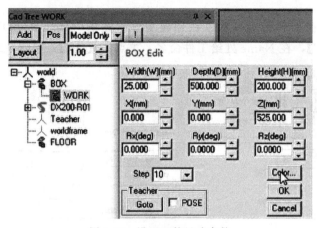

图 6-32　设置工件尺寸参数

⑯ 这时工作台和工件模型都画好了，位置如有偏差，可自行微调，添加完效果如图 6-33 所示。

（4）添加焊枪

添加进来的机器人只有机器人本体，还不带任何工具，要完成焊接工作站的搭建，还需要给机器人装上焊接，焊枪的添加步骤如下：

① 在 CAD 树下面依次展开工业机器人 DX200，点击机器人法兰盘【DX200-R01＿flange】，再点击【Add】添加，如图 6-34 所示。

② 出现【Add Model Dialog】（添加模型）对话框，给要添加的机器人焊枪命名为"TORH"，点击下面文件位置后面的 3 个点，如图 6-35 所示。

图 6-33　模型效果

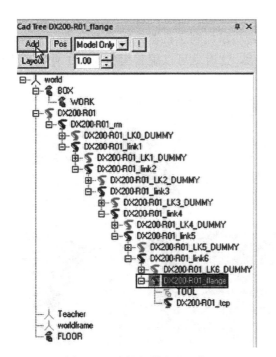

图 6-34　选择机器人法兰盘

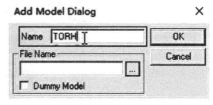

图 6-35　添加模型对话框

③ 选择焊枪模型文件，MotoSimEG-VRC 软件默认自带的焊枪模型目录为 C：＼Program Files＼MOTOMAN＼MotoSimEG-VRC 2019＼Models＼Torch，进入该文件夹，选择一个焊枪，这里选择【TORCH＿Standard.hsf】，再点击【Open】打开，如图 6-36 所示。

④ 确定完成后系统提示是否复制该模型到项目模型文件夹下，这里选择【是】，如图 6-37 所示。这里需要注意的是，如果选择否，不复制，该项目复制到其他地方打开不一定能找到焊枪；选择是，该模型文件被复制到项目中，随项目一起，在哪里打开都会有。

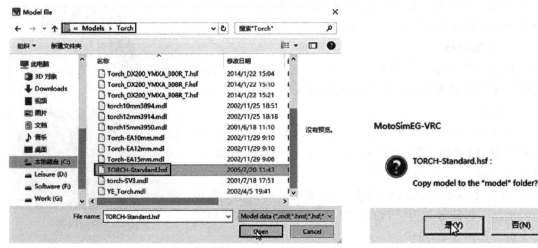

图 6-36 选择焊枪模型文件　　　　　　　　图 6-37 是否复制对话框

⑤ 这时焊枪的名字和模型都出来了，被成功添加到了机器人法兰盘下面，工具坐标系的原点自动跑到焊枪的尖端点，如图 6-38 所示，这时就可以编程模拟安川工业机器人焊接动作了。

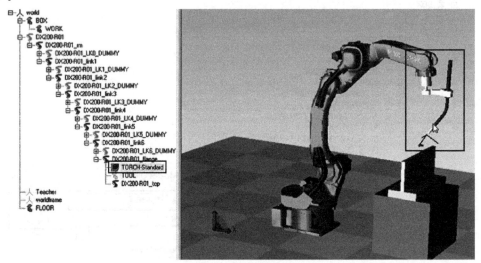

图 6-38 焊枪添加成功

6.3
焊接机器人系统创建及操作

扫码看：焊接机器人系
统创建及操作

前面已经介绍了手动创建机器人焊接系统，其实 MotoSimEG-VRC 仿真软件自带很多典型应用模型，这里以焊接机器人典型应用为例，创建系统自带的焊接机器人系统。

6.3.1 焊接机器人系统创建

① 打开软件，点击软件左上角机器人图标，点击【Template】新建模型，如图 6-39 所示。

② 在出现的模型对话框中选择焊接模型，这里选择【Arc_R1】，在【Cell Name】处给创建的工作站命名，再点击【Create Cell】创建工作站，如图 6-40 所示。

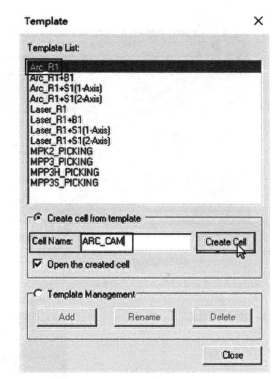

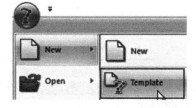

图 6-39　新建模型　　　　　　图 6-40　创建工作站

③ 工作站创建完成后机器人模型、示教器、工作台和工件都出来了，如图 6-41 所示。

④ 默认出来的示教器是日语版，需要将它改成英文版，在控制器菜单下，点击【Maintenance Mode】（维护模式），如图 6-42 所示。

⑤ 选择菜单第一个，点击【设定】，如图 6-43 所示。

⑥ 在设定画面，移动光标到语言项，如图 6-44 所示，按示教器选择键进入语言设定画面。

⑦ 选择第一语言日本语，如图 6-45 所示，按选择键进入更改界面。

⑧ 在语言一览界面。将光标移动到英语，如图 6-46 所示，按选择键选择完成。

⑨ 选择完成后重新回到语言显示界面，这里可以看到第 1 语言变成了英语，如图 6-47 所示，按下回车键。

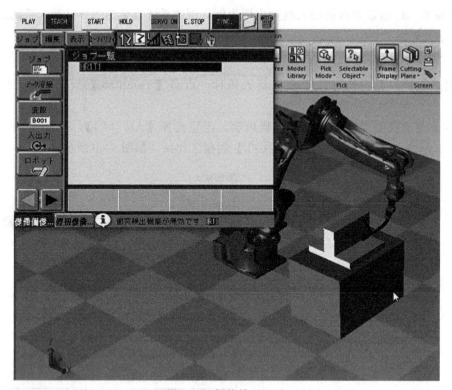

图 6-41　焊接模型视图

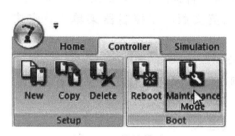

图 6-42　维护模式

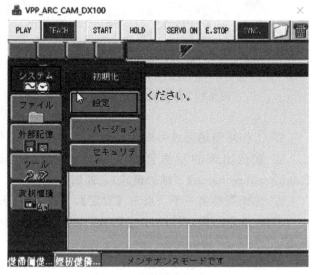

图 6-43　维护模式菜单画面

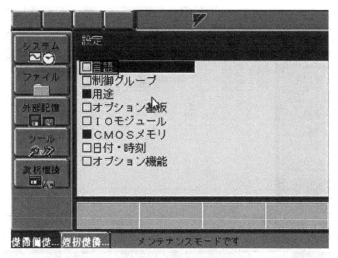

图 6-44 设定画面

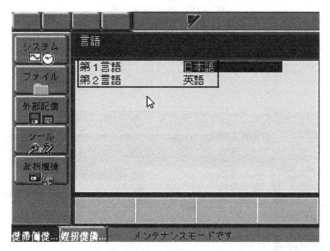

图 6-45 选择第一语言

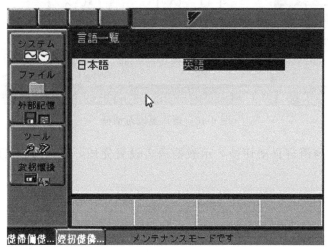

图 6-46 语言一览界面

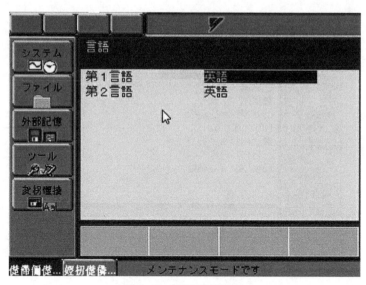

图 6-47　语言显示界面

⑩ 出来日语是否确认更改对话框，点击第一个【确定】，再按回车键完成确认，如图 6-48 所示。

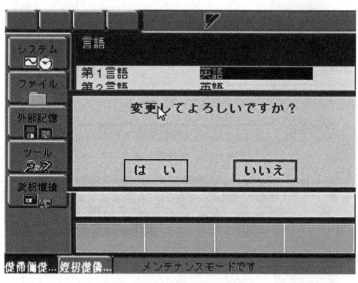

图 6-48　确认更改对话框

⑪ 确认后示教器语言自动切换，示教器语言设置完成，点击【End】，结束维护模式，如图 6-49 所示。

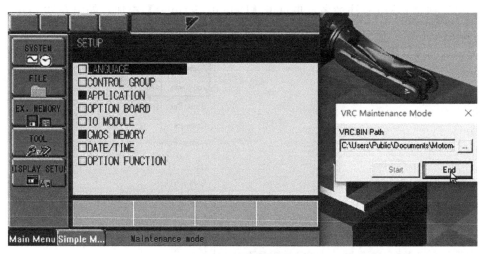

图 6-49　结束维护模式

> 🔖 **注意**　示教器语言切换有两种方式，上面介绍的是通过维护模式进行设置，该方法
> 步骤较多，有时不够快捷。安川仿真软件还提供了另一种便捷的方法，就是示教器快捷
> 键，可以先按下转换键，再按下区域键完成示教器语言快速切换，如图 6-50 所示。

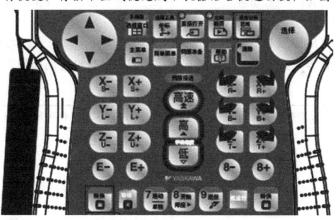

图 6-50　快捷键组合

6.3.2　用 CAM 功能完成焊接编程

MotoSimEG-VRC 仿真软件的 CAM 功能是提供一种交互式编程并产生加工轨迹的方法，用 CAM 功能可自动快速生成程序，不用一条条指令插入，很大程度地节约了用户时间，提高编程效率。这里以焊接加工为例，用 CAM 功能通过加工轨迹完成自动编程，生成程序指令，操作步骤如下：

① 在【Home】主页菜单下，点击【CAM Function】，选择第一个【CAM Function】，如图 6-51 所示。

② 在弹出的 CAM 程序管理对话框第一项选择机器人应用，这里选择弧焊（Arc

Weld），第二项给 CAM 程序命名，再点击【Default Settings】添加，如图 6-52 所示。

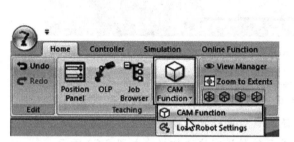

图 6-51　选择 CAM 功能

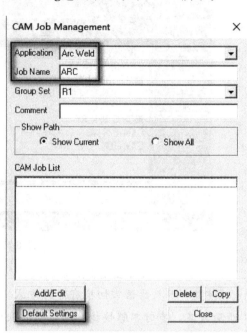

图 6-52　CAM 程序管理对话框

③ 在弹出的 CAM 默认设置对话框设置弧焊相关条件，包括示教参数、焊接姿势、焊接环境、外部轴设置等，这里参数较多，不一一介绍，参数设置画面如表 6-4 所示。

表 6-4　CAM 默认设置画面

项目	示教参数设置	焊枪接近/离开设置
图示	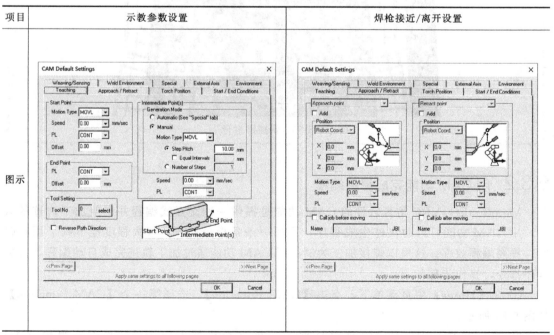	

续表

项目	机器人外部轴设置画面	焊接姿势设置画面
图示		

项目	焊接开始/结束条件设置画面	焊接特殊条件设置画面
图示		

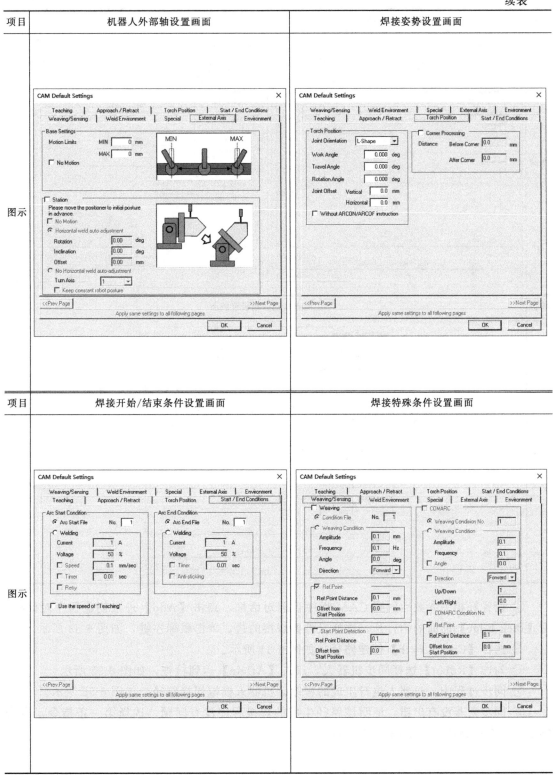

续表

项目	焊接环境设置画面	程序环境设置画面
图示	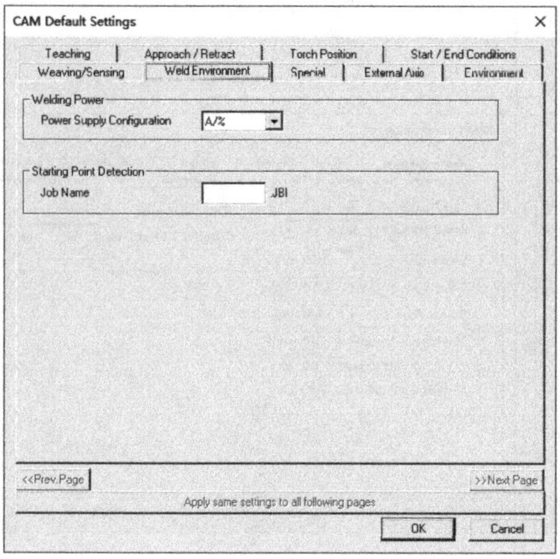	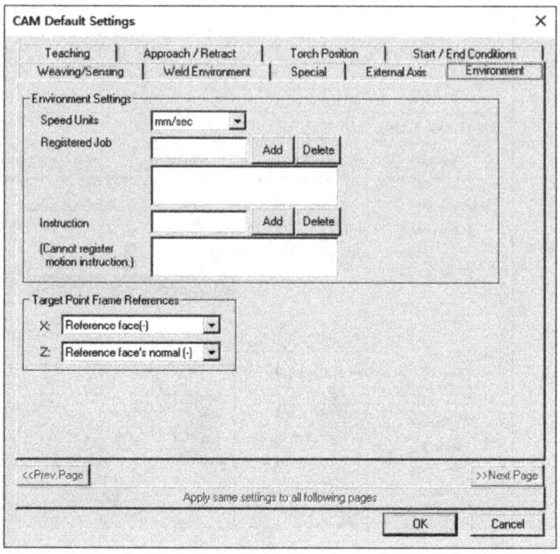

项目	中间点自动分割设置画面
图示	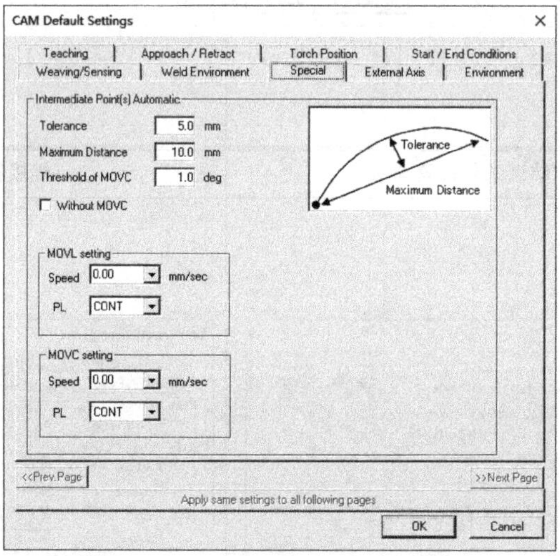

④ 设置好相关参数后回到 CAM 程序管理对话框，点击【Add】进入创建程序对话框。将【Pick Edge】前面的钩打开，选择工件要焊接的边，单击鼠标左键，如图 6-53 所示。

⑤ 选择【Create Path】创建路径，如图 6-54 所示。

⑥ 勾选【Robot】选择同步机器人，点击【Attain】达到检查，如图 6-55 所示。

⑦ 同步过程中，机器人执行生成的程序，机器人模拟焊接路径，如图 6-56 所示。

⑧ 同步完若没有出错，证明该路径生成的焊接程序没有问题，选择第一条指令，点击【Register】登录程序，如图 6-57 所示。

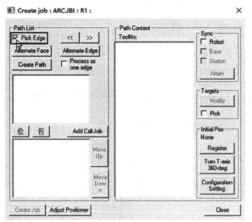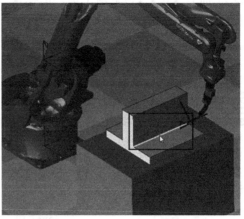

图 6-53　边缘选择

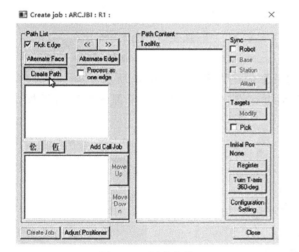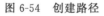

图 6-54　创建路径

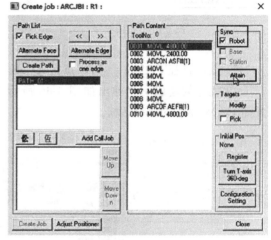

图 6-55　同步检查

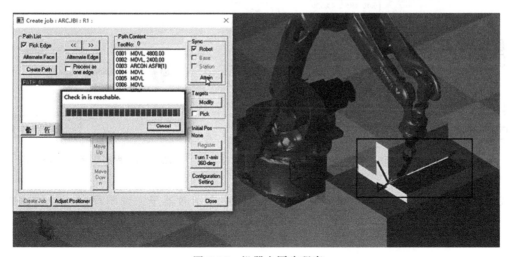

图 6-56　机器人同步程序

⑨ 下面有【伀】【伍】两个键，选择【伀】（注，伀伍分别为下，上，此处为系统语言显示错误），将生成的路径移动到下面对话框，如图 6-58 所示。

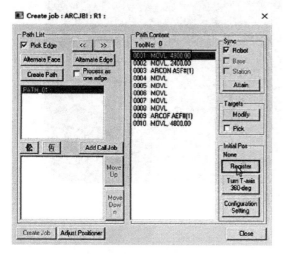

图 6-57　登录程序　　　　　　　　　　图 6-58　移动路径

⑩ 点击路径 PATH _ 01:，点击【Create Job】创建程序，如图 6-59 所示。

⑪ 程序创建成功会弹出如图 6-60 所示对话框，点击【确定】，关闭程序创建对话框，关闭 CAM 程序管理对话框。

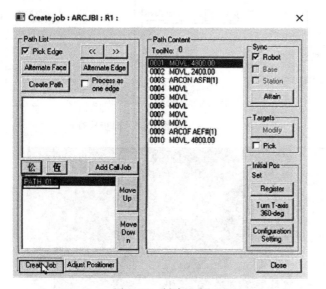

图 6-59　创建程序

图 6-60　程序创建成功对话框

⑫ 重新打开示教器，可以看到刚刚生成的程序在示教器里，说明程序已经创建成功，如图 6-61 所示。

图 6-61　创建的程序在示教器里显示

⑬ 程序试运行一下，点击 TEACH 按钮，示教器调到再现模式，再现模式按钮变成绿色，点击 START 按钮，开始按钮变成绿色，如图 6-62 所示。程序开始运行，机器人开始执行焊接动作，围绕前面选择的路径进行焊接。

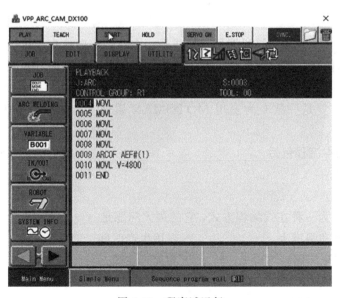

图 6-62　程序试运行

⑭ 这里只是焊接完成了一边，还需要焊接工件另一边，这时需要用 CAM 功能生成焊接另一边的程序，先将光标移动到程序最后一条移动指令，如图 6-63 所示。

⑮ 关闭示教器，重复步骤①~⑪，只是在步骤⑦的时候是选择另一条边，如图 6-64 所示，完成另一边焊接程序创建。

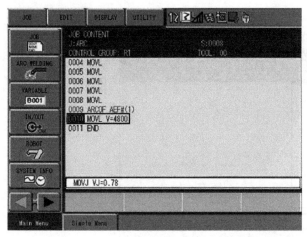

图 6-63 将光标移动到程序最后一条移动指令

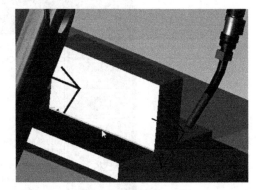

图 6-64 选择另一边

⑯ 重新打开示教器，运行步骤⑬，完成焊接程序的试运行。检查焊接程序生成是否有问题，可根据相应情况做微调。

思考与练习

1. 填空题

(1) _____是利用计算机图形学的成果，在计算机中建立起机器人及其工作环境的模型，通过对图形的控制和操作，在不使用实际机器人的情况下示教，进而生成机器人程序。

(2) _____是一款专为安川 MOTOMAN 系列工业机器人开发的离线示教编程软件。

(3) 离线编程的基本流程包括_____、_____、运动仿真、代码生成与传输、现场确认等步骤。

2. 单项选择题

(1) 示教-再现控制为一种在线编程方式，它的最大问题是（　　）。

　　A. 操作人员劳动强度大　　　　　　B. 占用生产时间

　　C. 操作人员安全问题　　　　　　　D. 容易产生废品

(2) 与示教再现编程方式相比，离线编程具有如下优点：（　　）。

　　① 占用机器人的时间较短

　　② 使编程人员远离危险的工作环境

③ 便于机器人程序的修改

④ 可实现多台机器人和辅助外围设备的示教和协调

⑤ 便于和 CAD 或 CAM 系统结合

A. ①②③④ B. ②③④⑤ C. ①②③④⑤ D. ③④⑤

3. 判断题

(1) 机器人示教时，对于有规律的轨迹，原则上仅需示教几个关键点。　　　（　　）

(2) 离线编程是工业机器人目前普遍采用的编程方式。　　　（　　）

(3) 虽然示教再现方式存在机器人占用机时、效率低等诸多缺点，人们也试图通过采用传感器使机器人智能化，但在复杂的生产现场和作业可靠性等方面处处碰壁，难以实现。因此，工业机器人的作业示教在相当长时间内仍将无法脱离在线示教的现状。　　　（　　）

第 7 章

安川工业机器人的维护保养

学习目标

知识目标

- ◙ 1. 了解机器人的日常维护内容。
- ◙ 2. 熟悉机器人的主机、控制柜主要部件的管理。
- ◙ 3. 掌握机器人日常检查保养维护的项目。

能力目标

- ◙ 1. 会机器人的日常管理。
- ◙ 2. 能够对机器人进行定期保养维护。
- ◙ 3. 能够对机器人简单故障进行维修。

　　机器人在现代企业生产活动中的地位和作用十分重要，而机器人状态的好坏则直接影响机器人的效率是否得到充分发挥，从而影响企业的经济效益。因此，机器人管理、维护的主要任务之一就是保证机器人正常运转。管理维护得好，机器人发挥的效率就高，企业取得的经济效益就大，相反，再好的机器人也不会发挥作用。

　　机器人在使用过程中，由于机器人的物质运动和化学作用，必然会产生技术状况的不断变化和难以避免的不正常现象，以及人为因素造成的耗损，例如松动、干摩擦、腐蚀等，这是机器人的隐患，如果不及时处理，会造成机器人的过早磨损，甚至形成严重事故。做好机器人的维护保养工作，及时处理随时发生的各种问题，改善机器人的运行条件，就能防患于未然，避免不应有的损失，实践证明，机器人的寿命在很大程度上取决于对机器人的管理、维护保养的程度。因此，对机器人的管理、维护保养工作必须强制进行，并严格督促检查。本章主要介绍机器人日常管理、维护和异常处理的知识。

7.1
工业机器人的维护和保养

7.1.1 日常维护

工业机器人必须有计划的保养，以便其正常工作，表 7-1 为安川工业机器人日常维护保养计划表。

表 7-1 安川工业机器人日常维护保养计划表

维护场所	维护项目	维护时间	备注
DX200 控制柜柜体	机器人主机的管理	每天	
	柜门是否完全关闭	每天	
	密封内部构造的间隙有无损伤	每月	
柜内风扇和背面风扇管道热交换器	确认动作	适当	接通电源时
急停按钮	确认动作	适当	接通伺服时
安全开关	确认动作	适当	示教模式时
电池	确认有无显示信息	适当	
供电电源	确认供电电源的电压是否正常	适当	
断路器电缆	确认导线是否脱落、松懈、断线；确认相间电压	适当	

（1）DX200 控制柜柜体

① 管理机器人主机　机器人主机位于机器人控制柜内，是出故障较多的部分。

故障有串口、并口、网卡接口失灵、进不了系统、屏幕无显示等。而机器人主板是主机的关键部件，起着至关重要的作用，它集成度越来越高，维修机器人主机主板的难度也越来越大，需专业的维修技术人员借助专门的数字检测设备才能完成。机器人主机主板集成的组件和电路多而复杂，容易引故障，其中也不乏用户人为造成的。机器人主机故障的原因介绍如下。

a. 人为因素。热插拔硬件非常危险，许多主板故障都是热插拔引起的，带电插拔装板卡及插头时用力不当容易对接口、芯片等造成损害，从而导致主板损坏。

b. 内因。随着机器人使用时间的增长，主板上的元器件就会自然老化，从而导致主板故障。

c. 环境因素。由于操作者的保养不当，机器人主机主板上布满了灰尘，造成信号短路，此外，静电也常造成主板上芯片（特别是 CMOS 芯片）被击穿，引起主板故障。

因此，特别注意机器人主机的通风、防尘，减少因环境因素引起的主板故障。

② 检查控制柜门　DX200 的设计是密封结构，使外部的油烟气体无法进入控制柜里。

要确保控制柜在任何时候都处于完全关闭好的状态，即使是在不工作时。

需要打开、关闭门，进行保养等作业时，必须先使用主电源开关关闭电源，然后使用一字螺丝刀来对门锁（每个门有两处）进行操作（左旋为"关"，右旋为"开"），如图 7-1 所示。

在进行打开、关闭操作时，请将门按紧，然后使用一字螺丝刀转动门锁。

关门时，请转动门锁，直至听到"咔嚓"一声。

③ 清洁控制柜　所需设备有一般清洁器具和真空吸尘器。一般清洁器具，可以用软刷蘸酒精清洁外部柜体，用真空吸尘器进行内部清洁。控制柜内部清洁方法与步骤参见表 7-2。

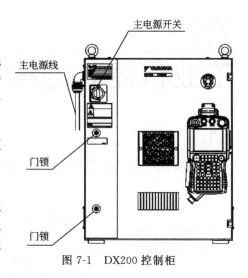

图 7-1　DX200 控制柜

表 7-2　控制柜内部清洁方法与步骤

步骤	操作	说明
1	用真空吸尘器清洁柜子内部	
2	如果柜子里面装有热交换装置，需保持其清洁，这些装置通常在供电电源后面、计算机模块后、驱动单元后面	如果需要，可以先移开这些热交换装置，然后再清洁柜子

清洗柜子之前的注意事项：

a. 尽量使用上面介绍的工具清洗，否则容易造成一些额外的问题。

b. 清洁前检查保护盖或者其他保护层是否完好。

c. 在清洗前，千万不要移开任何盖子或保护装置。

d. 千万不要使用指定外的清洁用品，如压缩空气及溶剂等。

e. 千万不要使用高压的清洁器喷射。

f. 密闭结构部位缝隙和破损的检查。

请打开门，检查门边缘部位用于密封的垫片有无破损。请检查 DX200 内部有无异常脏污。若有污尘，请查明原因，然后及早清扫干净。请锁好门锁，检查门处于关闭状态时，有无出现缝隙。

（2）冷却风扇的检查

检查冷却风扇前，为防止触电，严禁在通电状态下打开柜门，在检查冷却风扇必须这样做时，需加倍小心。

冷却风扇及换热器不正常工作时，会导致 DX200 柜内温度上升，给内部器械带来不良影响，因此，请合理进行冷却风扇及换热器的检查工作。柜内空气循环风扇及换热器会在一次电源开启时工作，背面冷却风扇会在伺服开启时工作，请通过目视及用手感知进气、出气口的情况，来确认其是否在正常工作。DX200 小型机的冷却系统结构如图 7-2 所示。

显示信息"YPS 单元内的风扇停止工作，请更换风扇"时，可考虑是控制电源单元（JZNC-YPS21-E）内的冷却风扇（JZNCYZU01-E）发生了异常情况等，请及早对控制电源

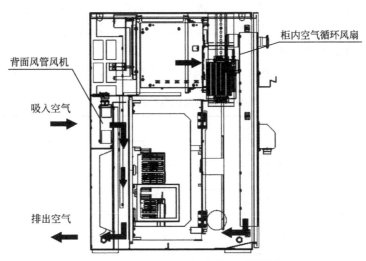

图 7-2　DX200 小型机的冷却系统结构

单元内的冷却风扇进行检查、更换。

（3）急停按钮的检查

DX200 在前门处和示教编程器上有急停按钮。在运行机器人之前，请在伺服开启后分别按下各急停按钮，确认是否能正常关闭伺服。

（4）启动开关的检查

DX200 示教编程器上配备有三处启动开关，请通过以下操作来确认启动开关是否可以正常工作。

① 将示教编程器的键模式切换开关设为示教模式。

② 按下示教编程器的伺服准备，伺服接通灯闪烁。伺服接通灯未闪烁时，可考虑是以下原因造成的：按下了前门处的急停按钮、从外部输入了急停信号、警报发生中，请分别加以确认。

③ 轻轻握住启动开关后，伺服开启，更用力地握紧，或是松开后，伺服关闭。

（5）电池的检查

DX200 内有系统用的电池，用于备份用户程序中的重要文件数据（CMOS 存储器）。电池耗尽，到了更换时期后，示教编程器的画面中会显示"存储器电池已耗尽"，请迅速予以更换。

更换步骤如下：

① 拧松电池用插头固定片的螺母，将固定片向右移。

② 卸掉机器人 I/F 基板（JANCD-YIF01-4E）上的电池用插头（ CN110/BAT），拧松电池下的固定螺母，然后取下电池。

③ 将新电池安装在机器人 I/F 基板上，并插上插头（CN110/BAT）。

④ 请将电池用插头固定片向左移，然后用螺母进行固定。

⑤ 更换后，请确认示教编程器中的"存储器电池已耗尽"信息有无消失。

虽然用户程序中的重要文件数据（CMOS 存储器）会通过超级电容进行备份，不过，当显示信息"存储器电池已耗尽"后，也请尽快安装新电池。显示信息"存储器电池已耗尽"后，若在断路器关闭的状态下搁置不能超过两小时，否则程序数据等可能会消失。

（6）供电电源电压的确认

用万用表对断路器（QF1）的1、3、5端子部进行测量，各端子间电压如表7-3所示。

表7-3　供电电源电压的确认

测定项目	端子	正常值/V
相间电压	1、3 间	200～220(+10%、-15%)
	3、5 间	
	1、5 间	
对地电压 （S相接地）	1、E 间	200～220(+10%、-15%)
	5、E 间	
	3、E 间	约 0

（7）缺相检查

工业机器人电源的缺相检查项目和检查内容如表7-4所示。

表7-4　缺相检查项目和内容

检查项目	检查内容
导线配线检查	请确认电源导线的连接部位有无脱落、松脱，导线中有无发生断线
输入电源检查	请利用检测仪检测输入电源的相间电压（判定值 AC200～220V+10%、-15%）
断路器(QF1)不良检查	请打开断路器，用检测仪检测断路器(QF1)(2、4、6的相间电压。有异常情况时，请更换断路器(QF1)

7.1.2　零部件的更换

（1）零部件的认识

安川工业机器人DX200控制柜CPU单元（JZNC-YRK21-1E）由基板用卡槽和CPU基板（JANCD-YCP21-E）、机器人I/F基板（JANCD-YIF01-4E）构成。此外，另置控制电源单元（JZNC-YPS21-E）时，配置在CPU单元的左侧。DX200的CPU单元和控制电源单元的零部件构成如图7-3所示。

（2）更换零部件的前期准备

根据零部件的构成，有零部件损坏需要更换零部件。工业机器人的零部件更换不是更换完就结束了，有些零部件还会影响机器人的原点位置，原点位置发生偏移或不准会影响机器人的所有移动点位，将无法按原定路径完成作业。更换零部件的步骤如图7-4所示。

所谓原点位置校准操作，即将机器人位置与绝对值编码器位置两者对准的操作。出厂时都已进行过原点位置校准，不过，当原点位置发生偏移时，需要重新进行原点位置校准。

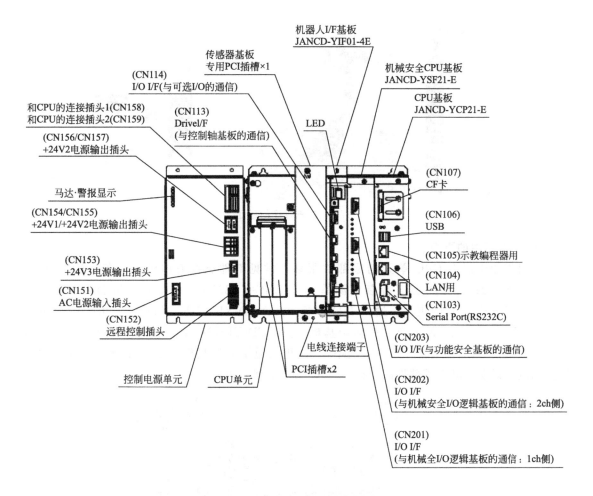

图 7-3　CPU 单元和控制电源单元的构成

　　因此，更换零部件的前期准备工作需要预先制作用于确认有无发生位置偏移的程序。重新进行原点位置校准，或是修正原点位置数据时，可使用该程序数据。特别是出现以下情况时，更需要使用检查程序进行原点位置校准：

a. 更改了机器人与控制柜（DX200）的组合时。

b. 更换了马达、绝对值编码器时。

c. 存储装置被清空时（更换 YCP21 基板、电池耗尽等）。

d. 机器人与工件相碰撞，原点发生偏移时。

　　为了防止位置偏移，需要建立一个示教好的程序（确认点用的程序）。确认点用程序需示教一点为确认点的位置，并在该位置的接近点再示教一点，如图 7-5 所示。

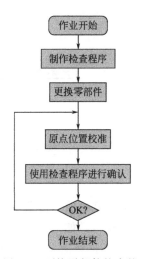

图 7-4　更换零部件的步骤

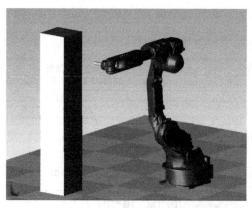

图 7-5　检查程序的建立

（3）零部件的更换

安川工业机器人 CPU 单元的零部件很多，常见部件更换有电池的更换、CPU 基板（JANCD-YCP21-E）的更换、控制电源单元（JZNC-YPS21-E）的更换、机器人 I/F 基板（JANCD-YIF01-4E）的更换、通用 I/O 基板（JANCD-YIO21-E）的更换、电源投入单元（JZRCR-YPU5□-△）的更换、制动器基板（JANCD-YBK21-3E）的更换、机械安全 I/O 逻辑基板（JANCD-YSF22B-E）的更换等。这里以通用 I/O 基板（JANCD-YIO21-E）的更换为例进行说明，其他零部件的更换请参考 DX200 保养手册。

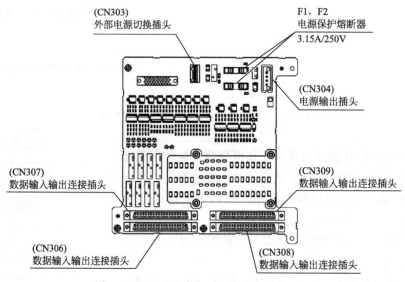

图 7-6　通用 I/O 基板（JANCD-YIO21-E）

更换基板前，必须切断电源，DX200 的通用 I/O 基板（JANCD-YIO21-E）如图 7-6 所示，更换步骤如下：

① 卸掉背面上部的内板。

② 卸下通用 I/O 基板上的盖子。

③ 卸掉所有连接在通用 I/O 基板上的电线。

④ 拧松并卸掉用于固定通用 I/O 基板的螺母（6 处）。

⑤ 将通用 I/O 基板从机械安全 I/O 逻辑基板（JANCD-YSF22B-E）上取下。

⑥ 将新通用 I/O 基板的插头（CNA）堆叠安装在机械安全 I/O 逻辑基板（JANCD-YSF22B-E）的插头上。

⑦ 拧紧固定好通用 I/O 基板的固定螺母（6 处）。

⑧ 连接好所有从通用 I/O 基板上卸下的电线。

⑨ 安装从通用 I/O 基板上卸下的盖子。

⑩ 安装从背面上部卸下的内板。

（4）零部件更换后的作业内容

零部件更换后若未完成对准原点位置，则不能进行示教操作。另外，在使用多台机器人系统中，不可进行对准所有机器人的原点位置。在执行对准机器人原点位置时，将安全模式切换为管理模式。

关于安川工业机器人原点位置请参照 2.5 节"安川机器人各原点位置调试"章节。

7.2

警报和错误

（1）警报代码的分类

在操作工业机器人或工业机器人运行过程中难免会遇到机器人报警。安川工业机器人出现故障时示教器会显示警报代码，警报代码通过数字来进行分类，0 开头的警报代码表示警报等级为 0（重故障），1～3 开头的表示警报等级为 1～3（重故障），4～8 开头的表示警报等级为 4～8（轻故障），9 开头的表示警报等级为 9 的 I/O 警报，如表 7-5 所示。

表 7-5 警报代码分类

警报代码	警报等级	警报重置方法
0 □□□	等级 0（重故障报警）	无法通过警报画面中的"重置"或专用输入信号（警报重置）进行重置。请关闭主电源，待排除警报发生原因后再开启主电源
1 □□□～3 □□□	等级 1～3（重故障报警）	无法通过警报画面中的"重置"或专用输入信号（警报重置）进行重置。请关闭主电源，待排除警报发生原因后再开启主电源
4 □□□～8 □□□	等级 4～8（轻故障报警）	可通过警报画面中的"重置"或专用输入信号（警报重置）进行重置
9 □□□	等级 9（轻故障报警）	可在排除系统部分、用户部分警报要求（专用输入信号）开启的原因后，通过警报画面中的"重置"或专用输入信号（警报重置）进行重置

（2）警报的显示和解除

① 警报的显示 工业机器人若在动作过程中发生警报，机器人会立即停止动作。示教编程器上会显示警报画面，告知发生警报，停止动作，如图 7-7 所示。

同时发生多个警报时，会以一览表形式显示所有发生的警报。无法在一个画面中完全显

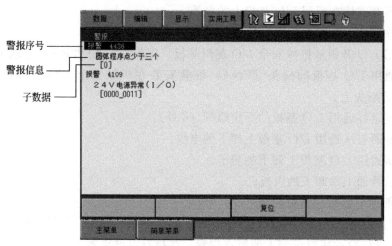

图 7-7　警报画面

示时，请使用光标键进行滚动显示。在发生警报时，仅可进行画面显示、模式切换、警报解除、急停这几项操作。在发生警报时切换到了其他画面后，可通过主菜单的【系统信息】→【警报】来重新显示警报画面。

② 警报的解除　警报可分为轻故障警报与重故障警报这两种。

当报警为轻故障警报时，在警报画面中选择【重置】后，会解除警报状态。要通过外部输入信号（专用输入）重置警报时，请开启【警报重置】专用信号。

当报警为重故障警报时，由于硬件故障导致重故障警报发生时，会自动切断伺服电源，停止机器人动作。此时，请关闭主电源，待排除警报发生原因后重新接通电源。

（3）警报详细显示

警报详细显示功能是指从警报画面显示警报的详细内容。移动光标到警报画面的目标警报，按下选择键，显示目标警报的内容、原因、对策。此外，由指定参数发生警报时，也会不显示警报画面直接显示警报详细内容画面，机器人参数 S2C406 为 0 时，警报详细内容画面直接显示无效，机器人参数 S2C406 为 1 时，警报详细内容画面直接显示有效。

若机器人发生报警时，示教器会显示报警代码、报警内容、报警原因及应对策略，如图 7-8 所示。

该报警画面中的显示信息和操作详细说明如表 7-6 所示。

表 7-6　报警画面显示信息和操作详细说明

显示信息和操作	说明
页面数	显示警报发生数/显示警报序号
警报序号	显示十进制的 4 位警报序号
子数据	显示已定义的各警报子代码序号
警报内容	显示警报内容
【左右】按钮	单个警报只显示原因、对策。此时按下【左右】按钮，原因和对策会交替切换

续表

显示信息和操作	说明
显示原因	记载警报原因
显示对策	记载警报复原方法
【返回】按钮	按下此按钮，返回标准警报画面
【重置】按钮	按下此按钮，重置警报
【翻页】按钮	按下此按钮，显示输入页面序号区号。仅在同时发生多个警报时显示

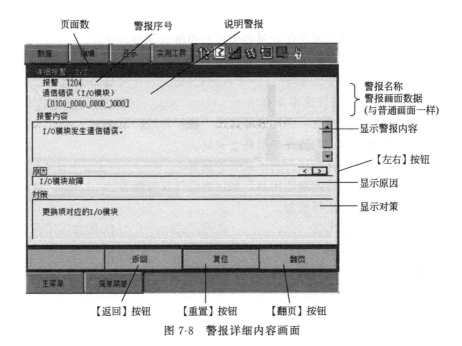

图 7-8　警报详细内容画面

（4）错误信息

出现错误是要警告操作人员，在使用示教编程器、外部设备（计算机、PLC）等进行读取或写入时，由于操作、读取写入的方法错误，不要进入下一步操作。

发生错误时，请在确认错误内容后进行解除。解除错误的方法如下：

① 按下示教编程器的【取消】；

② 输入专用输入信号（警报·错误重置）。

错误与警报有所不同，即使在机器人动作过程中（再现过程中）发生了错误，机器人也不会停止动作。

思考与练习

1. 填空题

（1）机器人的安全管理包括_____和_____。

（2）为使操作人员安全进行操作，并且能观察到机器人运行情况及是否有其他人员处于安全防护空间内，机器人的控制装置应安装在安全防护空间_____。

（3）机器人控制柜清洁时所需设备有一般清洁器具和真空吸尘器，_____可以用毛巾蘸酒精清洁外部柜体，_____进行内部清洁。

2. 单项选择题

（1）机器人系统安全防护装置的作用是（　　　）。

　　① 防止各操作阶段中与该操作无关的人员进入危险区域。

　　② 中断引起危险的来源。

　　③ 防止非预期的操作。

　　④ 容纳或接受由于机器人系统作业过程中可能掉落或飞出的物件。

　　⑤ 控制作业过程中产生的其他危险（如抑制噪声、遮挡激光、弧光、屏蔽辐射等）。

　　A. ①②③　　　　　B. ①②③④⑤　　　　C. ③④⑤　　　　D. ①③⑤

（2）清洗机器人控制柜之前的注意事项有（　　　）。

　　① 尽量使用介绍的工具清洗，否则容易造成一些额外的问题。

　　② 清洁前检查保护盖或者其他保护层是否完好。

　　③ 在清洗前，千万不要移开任何盖子或保护装置。

　　④ 千万不要使用指定以外的清洁用品，如压缩空气及溶剂等。

　　⑤ 千万不要用高压的清洁器喷射。

　　A. ①②③　　　　　B. ③④⑤　　　　　C. ①③⑤　　　　D. ①②③④

（3）机器人日检查的项目有（　　　）。

　　① 送丝机构。

　　② 焊枪安全保护系统。

　　③ 水循环系统。

　　④ 气体流量。

　　⑤ 测试 TCP。

　　A. ①②③　　　　　B. ③④⑤　　　　　C. ①②③④⑤　　　D. ①③⑤

（4）机器人本体上有几个超程开关（　　　）？

　　A. 3 个　　　　　　B. 4 个　　　　　　C. 5～6 个　　　　D. 根据机器人关节数而定

（5）进入机器人工作区域之前关闭连接到机器人的所有（　　　）。

　　A. 电源、液压源和气压源　　　　　　B. 电源

　　C. 液压源　　　　　　　　　　　　　D. 气压源

参 考 文 献

[1] 叶晖.工业机器人故障诊断与预防维护实战教程 [M].北京：机械工业出版社，2018.

[2] 兰虎，鄂世举.工业机器人技术及应用 [M].北京：机械工业出版社，2020.

[3] 耿春波.图解工业机器人控制与 PLC 通信 [M].北京：机械工业出版社，2020.

[4] 杨铨.工业机器人应用基础 [M].武汉：华中科技大学出版社，2020.

[5] 徐忠想.工业机器人应用技术入门 [M].北京：化学工业出版社，2020.

[6] 孙惠平.焊接机器人系统操作、编程与维护 [M].北京：机械工业出版社，2018.

参 考 文 献